网络空间安全技术丛书·

信息安全精要

从概念到安全性评估

Foundations of Information Security

A Straightforward Introduction

[美] 杰森·安德鲁斯（Jason Andress）著

姚领田 王俊卿 王璐 唐进 等译

图书在版编目（CIP）数据

信息安全精要：从概念到安全性评估 /（美）杰森·安德鲁斯（Jason Andress）著；姚领田等译．-- 北京：机械工业出版社，2022.4

（网络空间安全技术丛书）

书名原文：Foundations of Information Security：A Straightforward Introduction

ISBN 978-7-111-70427-0

I. ①信… II. ①杰… ②姚… III. ①信息系统–安全技术 IV. ① TP309

中国版本图书馆 CIP 数据核字（2022）第 058410 号

北京市版权局著作权合同登记 图字：01-2021-3936 号。

信息安全精要：从概念到安全性评估

出版发行：机械工业出版社（北京市西城区百万庄大街 22 号 邮政编码：100037）

责任编辑：赵亮宇　　责任校对：殷　虹

印　　刷：北京诚信伟业印刷有限公司　　版　　次：2022 年 5 月第 1 版第 1 次印刷

开　　本：186mm × 240mm 1/16　　印　　张：13.25

书　　号：ISBN 978-7-111-70427-0　　定　　价：79.00 元

客服电话：（010）88361066 88379833 68326294　　投稿热线：（010）88379604

华章网站：www.hzbook.com　　读者信箱：hzjsj@hzbook.com

译 者 序

本书可称为囊括信息安全基础知识 / 框架的小而精的指南。说它“基础”，是指其内容几乎涵盖信息安全领域全方位的基本概念，对于想要了解信息安全概貌的人而言，称得上是“All-In-One”宝典；说它“小而精”，则是指其语言简洁、措辞精练；说它是“指南”，指的是它可以充当引领读者开启安全领域学习和探索职业发展方向的“地图”。

信息安全涉及多个学科领域的交叉，知识点分散庞杂，技术迭代周期短，对于初学者而言，往往容易“只见树木不见森林”，面对星罗棋布的知识要点、林林总总的技术方向、错综复杂的彼此关联，甚至找不到合适的学习起点。连作者本人在面临职业选择时也感叹信息安全是一条“曲折的道路”，事实也的确如此。在动漫《爱探险的朵拉》中，朵拉在遭遇困境时，总会带领小朋友求助神奇的地图，借助地图最终克服困难，找到藏宝之路。这本小册子之于信息安全领域的新人，如同地图之于爱探险的朵拉，其意义不言自明。

无论如何，作为一门学科，信息安全也必是体系化的知识，自然也就有和其他一般学科类似的学习规律可供借鉴。像写作常用的“总 – 分 – 总”架构就是一个经典的学习模式，对于信息安全入门者而言，本书就是第一个“总”：帮助读者构建信息安全领域的知识框架，并指出每一个分支涉猎的内容和技术方向。在了解本书内容的基础上，选择适合自己或感兴趣的领域作为入手点，再进行深入、细致的学习、消化，最终构建自身的信息安全知识框架和知识体系。正如作者所言，本书非常适合想知道“信息安全”一词的内涵，或者对该领域感兴趣又想知道从哪里起步的人阅读。同时，对网络系统管理员来说，本书也是一份短小精悍的挈领性资源。对于主管信息安全的管理人员而言，阅读本书，也是快速了解安全领域、掌握安全知识概貌的捷径。

参与本书翻译的除封面署名译者姚领田、王俊卿、王璐、唐进外，还有胡君、曾宪伟、凌杰、姚相名、刘启帆、贺丹、王峥瀛、孔增强等。我们的研究领域涉及威胁情报、威胁建模仿真、网络靶场技术及应用、武器系统网络安全试验与评估等方面，欢迎读者就本书中涉及的具体问题及上述领域内容与我们积极交流，共同学习进步，联系邮箱为 fogsec@qq.com。

让我们在作者的指引下，开启充满挑战却又时常有意外之喜的信息安全精彩之旅吧！

前　　言

在我上学时，我面临着一个选择——专注于信息安全还是软件工程。软件工程课程的名称听起来非常无聊，信息安全也是如此。我完全不知道自己将走上一条多么曲折的道路。

把信息安全当作一种职业，可以给你带来很多不同。多年来，我处理过大规模恶意软件爆发事件，为法庭案件收集过取证信息，在计算机系统中追捕过外国黑客，侵入过系统和应用程序（有权限），研究了海量的日志数据，使用和维护了各种安全工具，为把方形钉子安装到圆孔中编写了数千行代码，参与过开源项目，在安全会议上演讲、授课过，并在上述领域编写了关于安全主题的数十万字的内容。

本书研究了整个信息安全领域，非常适合想知道“信息安全”一词是什么意思，或者对该领域感兴趣又想知道从哪里起步的读者阅读。书中使用了非常清晰明了、非技术性的语言，介绍了信息安全如何发挥作用，以及如何将这些原则运用到自己的职业生涯中。这本书可以帮助你在不查阅大量教科书的情况下了解信息安全。我将首先介绍基础性概念，如身份验证和授权，从而帮助读者了解该领域的关键概念，如最小权限原则和各种安全模型。随后，深入研究这些概念在运营、人因、物理、网络、操作系统、移动设备、嵌入式设备、物联网（IoT）设备和应用程序安全等领域的实际应用。最后，我将介绍如何评估安全性。

谁应该阅读本书

这本书是安全专业入门人员和网络系统管理员的宝贵资源。你可以使用书中提供的信息更好地了解如何保护信息资产和防御攻击，以及如何系统地运用这些概念营造更安全的环境。

管理人员也会发现这些信息大有益处，有助于为组织制定更好的整体安全实践。本书讨论的概念可用于推动安全项目和策略，并解决一些问题。

本书内容

本书旨在使你全面了解信息安全的基础知识，因此最好能够从头到尾阅读。你可以从注释部分的参考文献中查阅相关主题的更多信息。以下是各章的主要内容。

第 1 章：信息安全概述。介绍了信息安全最基础的概念（如机密性、完整性和可用性），风险的基本概念，以及缓解风险的控制措施。

第 2 章：身份识别和身份验证。介绍了身份识别和身份验证的安全原则。

第 3 章：授权和访问控制。讨论了授权和访问控制的使用，以确定谁或什么设备能够访问你的资源。

第 4 章：审计和问责。解释了如何使用审计和问责制度以知道人们在你的环境中做了什么。

第 5 章：密码学。涉及使用密码学来保护数据的机密性。

第 6 章：合规、法律和法规。概述了与信息安全相关的法律和法规，以及遵守这些法规的意义。

第 7 章：运营安全。运营安全是指用来保护信息的过程。

第 8 章：人因安全。探讨了信息安全中的人为因素，例如攻击者用来欺骗我们的工具和技术，以及如何防御它们。

第 9 章：物理安全。讨论了信息安全的物理方面。

第 10 章：网络安全。从不同的角度（如网络设计、安全设备和安全工具）研究如何进行网络保护。

第 11 章：操作系统安全。探讨了用于保护操作系统的策略，如加固和打补丁，以及执行相应操作的步骤。

第 12 章：移动、嵌入式和物联网安全。涉及如何确保移动设备、嵌入式设备和物联网设备的安全。

第 13 章：应用程序安全。主要讨论保护应用程序的各种方法。

第 14 章：安全评估。讨论用于查明主机和应用程序安全问题的扫描和渗透测试等工具。

写这本书同以往一样，对我来说是一次冒险。我希望你们喜欢，并希望丰富你们对信息安全世界的理解。信息安全是一个工作起来饶有趣味，却时常让人惊心动魄的领域。欢迎你们的到来，祝你们好运！

关于作者

杰森·安德鲁斯（Jason Andress）博士是一位经验丰富的安全专家和技术爱好者。十多年来，他一直坚持撰写安全主题的文章，内容涵盖数据安全、网络安全、硬件安全、渗透测试和数字取证等。

关于技术审校者

自 Commodore PET 和 VIC-20 问世以来，克里夫（Cliff）一直关注技术。在从事 10 年 IT 运营工作后，2008 年他进入信息安全领域，并发现了自己的兴趣点。从那时起，克里夫很感激能够有机会与业内最优秀的人才合作和学习，包括杰森和 No Starch 的优秀员工。克利夫在大部分的工作时间里管理和指导着一个出色的团队，并通过处理从安全策略审查到渗透测试的所有事情，努力保持技术上的相关性。拥有一份所热爱的职业和全力支持他的妻子是他的幸运。

致　　谢

我要感谢妻子容忍我完成了又一个写作项目，特别是在我撰写某些章节时的过度抱怨和拖拖拉拉。

我也要感谢 No Starch 出版社的全体工作人员，他们付出了大量的时间和精力，使这本书变得更好。如果没有多轮的编辑、审查和反馈，这本书就不会成为一个成熟的版本。

目　　录

第 1 章

信息安全概述

今天，我们中的许多人都在计算机前工作，在家玩计算机，在线上课，从网上购物，带着笔记本电脑去咖啡厅看电子邮件，用智能手机查看银行余额，用手腕上的传感器跟踪运动情况。换句话说，计算机无处不在。

技术使我们只需点击鼠标就可以访问大量信息，但这也带来了巨大的安全风险。如果雇主或银行使用的系统信息被暴露给攻击者，后果将不堪设想。我们可能会突然发现银行账户里的钱深夜里被转到了另一个国家的银行。由于某个系统配置问题，攻击者能够访问包含个人身份信息或专有信息的数据库，导致我们的雇主可能损失数百万美元，面临法律诉讼，遭受声誉损害。这类问题经常出现在新闻报道中，令人不安。

30 年前，这种入侵几乎不存在，很大程度上是因为当时这项技术处于相对较低的水平，几乎没有人使用它。尽管科技发展日新月异，但许多关于保障自身安全的理论都落后了。如果你能很好地理解信息安全的基础知识，就能在变化来临时站稳脚跟。

在本章中，我将介绍一些信息安全的基本概念，包括安全模型、攻击、威胁、漏洞和风险。在深入讨论风险管理、事件响应和防御时，我还将探究一些更为复杂的概念。

1.1 信息安全的定义

一般而言，安全意味着保护你的资产，无论是针对入侵网络的攻击者、自然灾害、故意损坏、丢失还是误用。最终，你将尽最大可能在你的环境中尝试保护自己免受最可能的攻击。

你可能有很多潜在的资产需要保护。这些可能包括具有固有价值的实物，如黄金；或对你的业务有价值的物品，如计算硬件。你也可能有一些更抽象的贵重物品，如软件、源代码或数据。

在今天的计算环境中，你可能会发现你的逻辑资产（以数据或知识产权形式存在的资产）至少与物理资产（有形物体或材料）一样有价值，或者更有价值。这就是信息安全的用武之地。

根据美国法律[1]，信息安全被定义为“保护信息和信息系统免受未经授权的访问、使用、泄露、破坏、篡改或毁坏”。换句话说，你希望保护你的数据和系统不被有意或无意地误用，或被不应该访问的人访问。

1.2　何时安全

尤金·斯帕福曾经说过：“唯一真正安全的系统是一个被切断的系统，它被浇注在混凝土块中，并被密封在一个带武装警卫的铅衬房间里——即使这样，我仍然对它的安全性持怀疑态度。”[2]这种状态的系统可能是安全的，但它无法使用，也不能产生效益。当提高安全等级时，工作效率通常会降低。

此外，在保护资产、系统或环境时，必须考虑安全等级应与受保护项目的价值相关。如果你愿意接受性能下降，可以为你负责的每项资产使用非常高的安全等级。你可以为保护你母亲的巧克力饼干配方而建造一座耗资10亿美元的设施，周围安装铁丝网围栏，有武装警卫和凶猛的攻击犬巡逻，并配上一个密封的保险库，但那太夸张了。安全措施的成本永远不应该超过受保护物品的价值。

然而在某些环境中，这样的安全措施可能还不够。在计划采取更高安全等级的任何环境中，你还需要考虑资产突然丢失时的更换成本，确保为其价值建立合理的保护等级。

确定你认为安全的点富有挑战性。如果你的系统安装了适当的补丁程序，你是否

[1] Federal Information Security Modernization Act of 2002, 44 U.S.C. § 3542.

[2] Spafford, Eugene. “Quotable Spaf.” Updated June 7, 2018. https://spaf.cerias.purdue.edu/quotes.html.

安全？如果你使用了强密码，你是否安全？如果完全断开网络连接，你是否安全？在我看来，所有这些问题的答案都是否定的。没有任何一项活动或行动能确保你在任何情况下都安全。

这是因为即使你的系统打了适当的补丁，也总会在易受攻击的地方出现新的攻击。当你使用强密码时，攻击者将利用不同的途径进行攻击。当你断开与互联网的连接时，攻击者仍然可以物理访问或窃取你的系统。简而言之，很难定义什么时候你才是真正安全的。反之，定义你什么时候不安全要容易得多。下面列举了几个让你处于不安全状态的例子：

- 未对你的系统应用安全补丁程序或更新程序。
- 使用弱密码，如“password”或“1234”。
- 从互联网下载程序。
- 打开来自不明发件人的电子邮件附件。
- 使用未加密的无线网络。

我可以继续增加这个清单。好消息是，一旦你能指出环境中哪些方面会导致不安全，你就可以采取措施来解决这些问题。这个问题类似于重复进行“一分为二”的动作。总会有小的部分可以再分两半。虽然可能永远达不到明确的所谓“安全”状态，但你可以朝着正确的方向采取措施。

这就是你需要遵守的法律……

在不同行业和不同国家之间，定义安全标准的法律体系的差别很大，其中一个例子是美国和欧盟在数据隐私法律上的差异。全球范围内运营的组织在开展业务时需要注意不要违反任何此类法律。如果有疑问，在行动之前请咨询法律顾问。

一些法律或法规确实试图定义什么是安全手段，或至少一些你应该采取的确保“足够安全”的步骤。“支付卡行业数据安全标准”（Payment Card Industry Data Security Standard，PCI DSS）适用于处理信用卡支付业务的公司，1996 年发布的《健康保险携带和责任法案》（Health Insurance Portability and Accountability Act，HIPAA）适用于处理医疗保健和患者记录的组织，《联邦信息安全管理法》（Federal Information Security Management Act，FISMA）为美国许多联邦组织定义了安全标准，还有许多其他标准。这些标准是否有效有待商榷，但如果不是强制性的，还是建议遵循你所在行业定义的安全标准。

1.3　讨论安全问题的模型

在讨论安全问题时，拥有一种可作为基础或基线的模型通常很有帮助。这能够提供一套统一的术语和概念，供安全专业人员参考。

1.3.1　机密性、完整性和可用性三要素

信息安全中的三个主要概念是机密性（Confidentiality）、完整性（Integrity）和可用性（Availability），通常称为机密性、完整性和可用性（CIA）三要素，如图 1-1 所示。

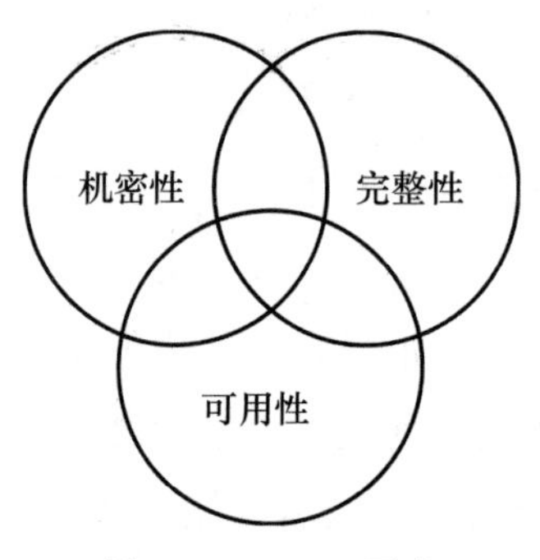

图 1-1　CIA 三要素

CIA 三要素是一个可以用来思考和讨论的安全概念的模型，有时也写为 CAI，或以否定的形式表述为泄露、篡改和破坏（DAD）。

1. 机密性

机密性是指保护我们的数据不被未经授权的人查看的能力。你可以在处理的多个层级上实现机密性。

例如，假设一个人正在从自动取款机取款，那么这个人会设法保持个人识别码（Personal Identification Number，PIN）的机密性，因为只要有 ATM 卡，就可以凭借 PIN 从自动取款机中取款。此外，自动取款机的所有者将对账号、余额和与提取资金的银行通信的其他信息进行保密。银行还将对与自动取款机的交易以及取款后账户余额的变化保密。

机密性可能会以多种方式被破坏。你可能会丢失一台存有数据的笔记本电脑。当你输入密码时，有人可能会越过你的肩膀偷看。你可能会将电子邮件附件误发给别

人，或者攻击者可能会侵入你的系统，等等。

2. 完整性

完整性是防止他人以未经授权或不受欢迎的方式更改数据的能力。为了保持完整性，你不仅需要有防止未经授权更改数据的方法，还需要具备撤销有害的授权更改的能力。

在 Windows 和 Linux 等许多现代操作系统的文件系统中，有很好的机制来保持完整性。为了防止未经授权的更改，这些系统通常限制未经授权的用户对指定文件执行操作。例如，文件所有者具有读取和写入的权限，而其他人可能只有读取的权限，或者根本没有访问的权限。此外，部分系统和应用程序（如数据库）允许你撤销或恢复不想要的改动。

当涉及为其他决策提供基础数据时，完整性尤其重要。如果攻击者更改包含医学测试结果的数据，医生可能会开出错误的治疗处方，可能会导致患者死亡。

3. 可用性

三要素的最后一部分是可用性。可用性是指在需要时访数据的能力。例如，你可能会因为断电、操作系统或应用程序问题、网络攻击或系统出现问题而失去可用性。当外部因素（如攻击者）导致此类问题发生时，我们通常称之为拒绝服务（Denial-of-Service，DoS）攻击。

4. CIA 三要素与安全的关系

结合 CIA 三要素，我们可以开始更为详细地讨论安全问题。例如，让我们考虑运输一批备份磁带，上面存储了现有唯一未加密的敏感数据。

如果在运输途中丢失了物品，你就会面临安全问题。由于你的文件未加密，因此可能破坏机密性。未加密也可能导致完整性出现问题。如果将来恢复磁带，可能不会立即发现攻击者是否更改了未加密文件，因为你无法很好地区分更改的数据和未更改的数据。至于可用性，除非恢复磁带，否则你很可能面临问题，因为你没有备份文件副本。

虽然你可以运用 CIA 三要素相对准确地描述本例中的情况，但你可能会发现这个模型过于严格，无法描述整个情况。鉴于此，可参考 Parkerian 六角模型。

1.3.2 Parkerian 六角模型

知名度相对较低的 Parkerian 六角模型是以 Donn Parker 的名字命名的，他在 *Fighting Computer Crime* 一书中介绍了这种模式，在经典的 CIA 三要素基础上提供了更为复杂的变型。CIA 三要素只包含机密性、完整性和可用性，而 Parkerian 六角模型在这三个原则的基础上，增加了拥有（Possession）或控制（Control），以及真实性（Authenticity）和实用性（Utility）[⊖]，共 6 个原则，如图 1-2 所示。

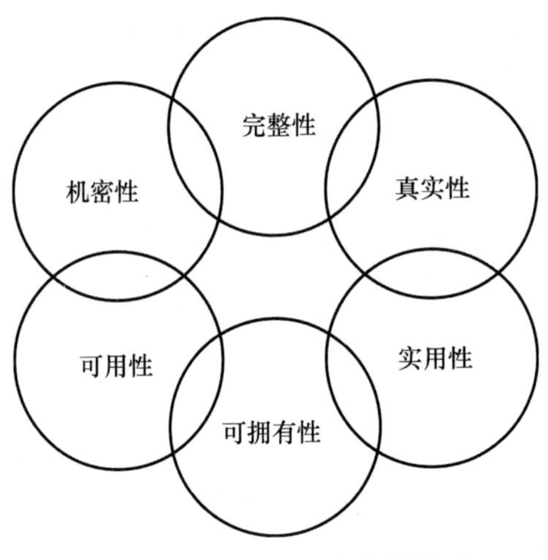

图 1-2　Parkerian 六角模型

1. 机密性、完整性和可用性

正如我所提到的，Parkerian 六角模型包括 CIA 三要素的 3 个原则，其定义与刚才讨论的相同。Parker 对完整性的描述略有不同，他没有考虑授权但不正确篡改数据的情况。对他而言，数据必须是完整的，与之前的状态没有任何变化。

2. 拥有或控制

在 Parkerian 六角模型中，拥有或控制指的是存储数据介质的物理处置情况。这样，你能够在不涉及可用性等其他因素的情况下，讨论数据在其物理介质中的丢失情况。回到此前丢失备份磁带的例子，我们假设其中一部分加密，而另一部分没有。拥有原则将使你能够更准确地描述事件的范围；丢失加密磁带涉及拥有问题而不是机密

⊖ Parker, Donn B. Fighting Computer Crime. Hoboken, NJ: Wiley, 1998.

性问题，而未加密磁带在这两个方面都出现了问题。

3. 真实性

真实性原则可使你判断有问题的数据是否来自正确的所有者或创建者。例如，如果你发送一封更改过的电子邮件，使其看似来自不同的邮件地址，而不是实际发送的地址，则会违反电子邮件的真实性。可以使用数字签名来加强真实性，这将在第 5 章进一步讨论。

不可否认性是与此类似但相反的概念，它阻止人们进行如发送电子邮件而后否认的行为。我会在第 4 章更详细地讨论不可否认性。

4. 实用性

实用性指的是数据对你的有用程度。实用性也是 Parkerian 六角模型中唯一一个在本质上不一定对立的原则。根据数据及其格式的不同，你可以得到不同程度的实用性。这个概念有一点抽象，但事实证明，在讨论安全世界中的某些情况时确实很有用。

例如，在运输备份磁带的例子中，假设磁带中有一部分加密，而另一部分未加密。对于攻击者或其他未经授权的人来说，由于加密磁带的数据不可读，可能没有用处。而由于攻击者或未经授权的人能够访问未加密的磁带数据，因此实用性更强。

CIA 三要素和 Parkerian 六角模型中的概念为讨论信息安全世界中可能出错的所有方式提供了实践基础。通过这些模型，你可以更好地讨论可能面临的攻击，以及需要采取哪些类型的控制措施来应对这些攻击。

1.4　攻击

你可能会面临多种方式和多个角度的攻击。你可以根据攻击的类型、表现的攻击风险以及可能用来缓解攻击的控制措施对攻击进行具体区分。

1.4.1　攻击类型

攻击通常分为四类：拦截（interception）、中断（interruption）、篡改（modification）和伪造（fabrication）。每类都会影响 CIA 三要素中的一个或多个原则，如图 1-3 所示。

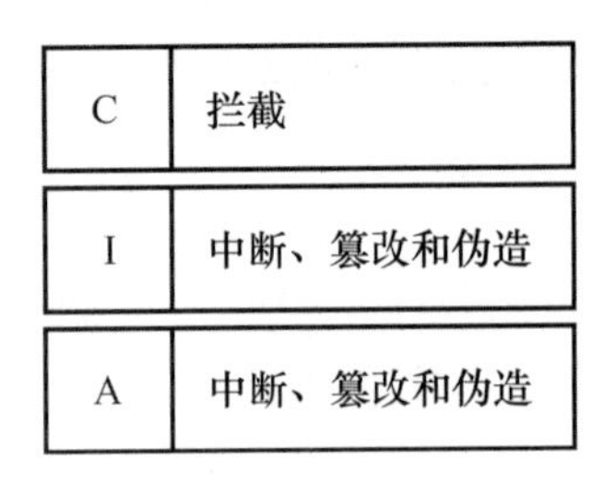

图 1-3　CIA 三要素和攻击类型

攻击类型与效果之间的界限比较模糊。你可能会将攻击归类为多种类型，或多种效果。

1. 拦截

拦截攻击允许未经授权的用户访问数据、应用程序或环境，这种攻击主要针对机密性的攻击。拦截的形式可能包括未经授权的查看或复制文件、窃听通话或读取他人的电子邮件，你可以针对静态或动态数据（“静态数据和动态数据”部分将对其概念进行解释）进行处理。当正确执行时，可能很难检测到拦截攻击。

静态数据和动态数据

你会发现我在这本书中反复提到，数据要么是“静止的”，要么是“动态的”，现在我们来讨论其中的含义。静态数据是指不进行移动的存储数据，它可能存储在硬盘驱动器或闪存驱动器上，或者存储在数据库中。这类数据通常在文件或整个存储设备上采取加密保护措施。

动态数据是指发生转移的数据。当你使用网上银行会话时，在你的 Web 浏览器和银行之间流动的敏感数据就是动态数据。动态数据也受加密保护，但在这种情况下，主要保护用于数据转移的网络协议或路径。

还有一些数据被设定为第三类数据，即使用中的数据。使用中的数据是指应用程序或个人正在主动访问或修改的数据。使用中的数据的保护包括用户的权限和身份验证。你会发现，使用中的数据和动态数据的概念常常混淆，因此对于是否应该将这类数据单独分类，双方都有充分的理由。

2. 中断

中断攻击会使你的资产暂时或永久无法使用。这些攻击通常会影响可用性，也会影响完整性。你可以把邮件服务器 DoS 攻击归类为可用性攻击。

另外，如果攻击者操控数据库在其上运行的进程以阻止对其包含数据的访问，由于可能会发生数据丢失或损坏的情况，因此你可能将其看作完整性攻击。你也可以将其视为两种攻击的结合。你还可以把这种数据库攻击视为篡改攻击，而不是中断攻击。

3. 篡改

篡改攻击涉及资产篡改。这类攻击主要是对完整性的攻击，但也可视为对可用性的攻击。如果以未经授权的方式访问文件并更改其中的数据，则会影响文件数据的完整性。但是，如果文件是管理服务行为的配置文件（如作为 Web 服务器的文件），则更改文件的内容可能会影响该服务的可用性。如果你在 Web 服务的文件中更改配置，导致服务处理加密连接的方式发生改变，你甚至可以称之为对机密性的攻击。

4. 伪造

伪造攻击涉及使用系统生成的数据、流程、通信或其他类似的资料。与后两种攻击类型一样，伪造攻击主要影响完整性，但也可能影响可用性。在数据库中生成虚假信息就是一种伪造攻击。你也可以生成电子邮件，这是传播恶意软件的常用方法。如果你生成足够多的额外进程、网络流量、电子邮件、Web 流量或任何其他消耗资源的东西，就可以使处理这类流量的服务无法由合法用户使用，从而进行可用性攻击。

1.4.2 威胁、漏洞和风险

为了更具体地讨论攻击，此处需要引入几个新的术语。当想了解攻击如何影响自己时，你可以从威胁、漏洞和相关风险的角度进行分析。

1. 威胁

我在本章开篇谈到你可能遇到的攻击类型时，谈到了几种可能损害你资产的攻击类型，如未经授权篡改数据等。总之，威胁是指有可能造成损害的东西。威胁往往倾向于在特定环境下发生，特别是在信息安全领域。例如，一种病毒可能对 Windows 操作系统有影响，但不太可能对 Linux 操作系统产生影响。

2. 漏洞

漏洞是指弱点或脆弱性，威胁可以利用漏洞给你造成伤害。漏洞可能涉及正在运行的特定操作系统或应用程序，办公楼的物理位置，布满服务器导致温度超过空调系统处理能力的数据中心，缺少备用发电机或其他因素。

3. 风险

风险是指坏事发生的可能性。要想使环境中出现风险，需要同时拥有威胁和可利用的漏洞。例如，如果你在木质建筑附近生火，则既有威胁（火灾），也有相应的漏洞（木质结构）。在这种情况下，你肯定面临风险。

同样，如果你有同样的火灾威胁，但是采用了混凝土建筑，由于没有威胁可利用的漏洞，因此就不会面临风险。你可能会争辩，火焰温度足够高时可能会损坏混凝土，但这种可能性要小得多。

我们经常谈到计算环境中潜在的但不太可能的攻击。最好的策略是花时间减少最可能的攻击。如果你把资源投向每一次可能发生的攻击，无论可能性多低，你都会分散精力，反而造成最需要的地方缺乏保护。

4. 影响

一些组织，如美国国家安全局（National Security Agency，NSA），在威胁/漏洞/风险方程式中添加了一个称为“影响”的因素。影响将所受威胁的资产价值纳入考虑，并利用它来计算后期风险。在备份磁带示例中，如果你认为未加密的磁带中只有你收藏的巧克力饼干配方，那么实际上你可能没有风险，因为暴露的数据不包含任何敏感内容，而且你可以从源数据进行额外的备份。在这种情况下，你可以放心地说没有风险。

1.4.3　风险管理

风险管理流程可以抵消环境中的风险。图1-4显示了典型的高水平风险管理流程。

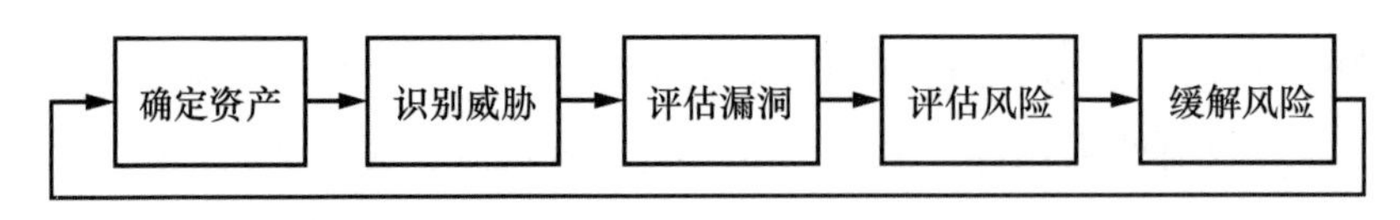

图1-4　风险管理流程

如你所见，你需要确定重要资产，找出它们面临的潜在威胁，评估漏洞，然后采取措施缓解这些风险。

1. 确定资产

风险管理流程的第一步，也是最重要的一部分，就是确定你正在保护的资产。如果不能列举你的资产并评估各项资产的重要性，那么对它们进行保护就会成为一项艰巨的任务。

虽然这听起来可能非常简单，但实际存在的问题会比表面上看来更复杂，特别是在大型企业中。在许多情况下，一个组织可能有不同代的硬件、从其他公司收购的未知领域的资产，以及大量在用的未登记的虚拟主机，其中任何一项对业务连续运行都至关重要。

一旦确定了正在使用的资产，确定哪些是关键业务资产就完全是另一个问题了。要准确确定哪些是对开展业务真正关键的资产，通常需要考虑使用该资产的功能、支持该资产本身的功能，以及涉及的其他潜在功能。

2. 识别威胁

在列举关键资产后，你可以开始识别可能对这些资产造成影响的威胁。通过框架来讨论威胁的性质通常很有用，使用前面讨论的 CIA 三要素或 Parkerian 六角模型就能很好地实现这一目的。

例如，我们使用 Parkerian 六角模型来检查用于处理信用卡支付的应用程序可能面临的威胁。

- **机密性**。如果你不恰当地暴露数据，就可能会遭到潜在破坏。
- **完整性**。如果数据损坏，你可能会错误地处理付款流程。
- **可用性**。如果系统或应用程序出现故障，你将无法处理付款。
- **拥有**。如果你丢失了备份介质，你可能会遭到潜在破坏。
- **真实性**。如果你没有真实的客户信息，你可能正在处理欺诈性交易。
- **实用性**。如果你收集的数据无效或不正确，那么数据的实用性将受到限制。

在评估系统威胁时，这显然有很高的要求，但也确实能够立即指出存在的一些问题。你需要关注数据控制权丢失、维护准确的数据以及保持系统正常运行等方面。根据这些信息，你可以开始查看漏洞的区域和潜在风险。

3. 评估漏洞

在评估漏洞时，你需要在潜在威胁的背景下进行评估。任何资产都可能面临数千或数百万个可能对其造成影响的威胁，但其中只有一小部分紧密相关。在前一节中，你了解了信用卡交易系统面临的潜在威胁。

让我们查看发现的这些问题，尝试确定其中是否存在漏洞。

- **机密性**。如果你不恰当地暴露数据，那么数据可能会遭到破坏。你的敏感数据在静态状态和动态状态下都会被加密，系统定期由外部渗透测试公司进行测试。这不是风险。
- **完整性**。如果数据被损坏，你可能会错误地处理付款。作为处理流程的一部分，你需要仔细验证支付数据是否正确。无效数据会被拒绝交易。这不是风险。
- **可用性**。如果系统或应用程序出现故障，你将无法处理付款。支付处理系统后端的数据库没有冗余。如果数据库瘫痪，你就无法处理付款。这是风险。
- **拥有**。如果你丢失了备份介质，数据可能会遭到破坏。你的备份介质已加密，并由信使随身携带。这不是风险。
- **真实性**。如果没有真实的客户信息，你可能正在处理欺诈性交易。很难确保有效的付款和客户信息属于进行交易的个人。你没有好的方法来做这件事。这是风险。
- **实用性**。如果你收集的数据无效或不正确，则该数据的实用性将受到限制。为了保护数据的实用性，你需要检查信用卡号码，确保账单地址和电子邮件地址有效，并采取其他措施确保你的数据的准确性。这不是风险。

这些示例是你执行流程的高级视图，用于展示任务。你可以从中再次看到一些值得关注的领域，即在真实性和可用性方面，你可以开始评估可能存在风险的领域。

4. 评估风险

一旦确定了给定资产的威胁和漏洞，就可以评估总体风险。正如前文所述，风险是威胁和漏洞的结合。没有与漏洞匹配的威胁或没有与威胁匹配的漏洞将不构成风险。

例如，以下情况既是潜在威胁，也属于漏洞领域：

- **可用性**。如果系统或应用程序出现故障，你将无法处理付款。你的支付处理系统后端的数据库没有冗余，因此如果数据库出现故障，你将无法处理支付。

在这种情况下，既有威胁又有相应的漏洞，这意味着你可能会因为数据库后端的单点故障而丧失处理信用卡支付流程的能力。一旦以这种方式解决了威胁和漏洞，就可以缓解这些风险。

5. 缓解风险

为了缓解风险，你可以对各种威胁采取针对性措施。这些措施称为控制措施。控制分为三类：物理控制、逻辑控制和管理控制。

*物理控制*可保护系统所在的物理环境或存储数据的位置，还包括对出入环境的控制访问。物理控制包括栅栏、大门、锁、护柱、防护装置和摄像机，以及维护物理环境的系统，如制热和空调系统、灭火系统和备用发电机。

物理控制看似不是信息安全不可或缺的一部分，却是最关键的控制之一。如果你不能对系统和数据实施物理保护，那么设置任何其他控制都将变得无关紧要。如果攻击者可以物理地访问你的系统，他们就可以窃取或破坏系统，使你无法使用，而这是最好的情况。最坏情况是，攻击者将能够直接访问你的应用程序和数据，并窃取你的信息和资源，或将其破坏以供自己使用。

逻辑控制，有时也称为*技术控制*，用于保护处理、传输和存储数据的系统、网络和环境。逻辑控制包括密码、加密、访问控制、防火墙和入侵检测系统等。

逻辑控制能够防止未经授权的行为，如果你的逻辑控制能够正确执行而且成功实施，那么攻击者或未经授权的用户在不破坏控制的情况下将无法访问你的应用程序和数据。

*管理控制*是基于规则、法律、政策、程序、指导方针和其他“纸质”文件的。管理控制规定了你环境中的用户应该采取的行为。根据所涉及的环境和控制，管理控制可以代表不同等级的权限。你可以设置简单的规则，如“在一天结束时关掉咖啡壶”，目的是避免物理安全问题（晚上烧毁大楼）。你还可能有更严格的管理控制规则，如要求每隔 90 天更改密码。

执行能力是管理控制的重要部分。如果你没有权力或能力使人们遵守你的控制规则，那么使用这些规则比不使用更糟糕，因为它们将制造错误的安全感。例如，如果你创建了一项策略，规定员工不能将业务资源用于个人用途，那么你需要确保这项措施能够强制执行。在高度安全的环境之外，这可能是一项艰巨的任务。你需要监控电话和移动电话的使用、Web 访问、电子邮件使用、即时消息对话、安装的软件以及其他可能被滥用的领域。如果你不愿意投入大量资源来监管和处理违反政策的行为，那么很快将出现一个无法执行的政策。下一次审计并要求出示执行政策的证据时，你将面临问题。

1.4.4　事件响应

如果风险管理工作没有像你希望的那样彻底，或者意想不到的事情让你措手不及，那么你可以采用事件响应来应对。你应该将事件响应指向最有可能给你的组织带来困扰的项目，而且你应该已经将其确定为风险管理工作的一部分。

你对这类事件的响应应尽可能根据记录的事件响应计划，这些计划应由在事件中预计执行计划的人员定期审查、测试和实施。你不会想要等到真正的紧急情况发生时，才发现搁置在架子上的文档已经过时，引用的流程或系统已经发生了很大变化或不再存在。

高等级事件响应流程包括准备、检测和分析、遏制、清除、恢复和事后活动。接下来，我将更详细地介绍这些阶段。

1. 准备

事件响应的准备阶段包括你可以预先开展的所有活动，从而更好地处理事件。这通常包括制定管理事件响应和处置的政策和程序，对事件处置人员和预计报告事件的人员进行培训和教育，以及制订和维护计划文件。

事件响应准备阶段的重要性不容低估。如果准备不充分，就很难很好地进行事件响应，或者按照你没有实践过的计划进行。出现紧急情况时，不是决定需要做什么，需要谁做，以及如何做的时候。

2. 检测和分析

检测和分析阶段是指行动开始的时候。在这个阶段，你将进行问题检测，并确定是否真的是一起事件，并做出适当的响应。

大多数情况下，你在检测时将使用安全工具或服务，如入侵检测系统（Intrusion Detection System，IDS）、防病毒（AntiVirus，AV）软件、防火墙日志、代理日志、安全信息与事件监视（Security Information and Event Monitoring，SIEM）工具或安全托管服务提供商（Managed Security Service Provider，MSSP）的告警。

这一阶段的分析过程，通常会结合工具或服务（通常是 SIEM 工具）的自动化操作和人为判断。虽然通常可以使用某个阈值来表示既定时间内特定数量的事件是正常的，或者特定事件的组合是不正常的（两次登录失败，然后是成功登录、更改密码和创建新账户），但是你通常需要在某个时间进行人为干预。人为干预可能包括：审查各种安全、网络和基础设施设备的输出日志，与事件报告方联系，以及对情况进行总体评估。（不幸的是，对于事件处置人员来说，这些情况通常发生在周五下午 4 点或周日凌晨 2 点。）

当事件处置人员评估情况时，将决定该问题是否构成事件，评估事件的危急程度，并联系进入下一阶段所需的其他一切资源。

3. 遏制、清除和恢复

遏制、清除和恢复阶段占据事件解决过程的大部分，至少短期内是这样的。

遏制即采取特定的控制措施，确保情况不会造成更多损害，或者至少减少持续的损害。如果问题涉及由远程攻击者主动控制、感染恶意软件的服务器，这可能意味着断开服务器与网络的连接，设置防火墙规则阻止攻击者，更新入侵防御系统（Intrusion Prevention System，IPS）上的签名或规则以阻止来自恶意软件的流量。

在清除期间，将尝试从你的环境中消除问题的影响。对于感染了恶意软件的服务器，你已经隔离了系统，并切断了与命令控制网络的连接。现在，你需要从服务器中清除恶意软件，并确保它们不会在你的环境中的其他地方存在。这可能需要对环境中的其他主机进行额外扫描，确保不存在恶意软件，还可能需要检查服务器和网络上的日志，确定受感染的服务器与哪些系统进行了通信。对于恶意软件，特别是最新的恶意软件或变种，这可能是一项棘手的任务。在怀疑是否已经从环境中清除了恶意软件或攻击者时，你应该谨慎行事。

最后，你需要恢复到事件发生前的状态。恢复可能涉及从备份介质还原设备或数据、重建系统或重新加载应用程序。同样，这可能是一项比最初看起来更痛苦的任务，因为你对情况的了解可能不完整，或者你并不清楚状况。你可能会发现无法验证备份介质是否干净可用，或者是否受到感染，或者备份介质是否完全损坏。应用程序安装包可能丢失，配置文件可能不可用，或者可能会发生许多其他问题。

4. 事后活动

与准备阶段一样，事后活动也很容易被忽视，但应该确保你不会忽视它。这一阶段通常称为 post-mortem（拉丁语“死后”的意思），你尝试确定发生了什么，为什么这些事件会发生，以及你能做些什么来防止其再次发生。这一阶段的目的不是指责（尽管有时确实会发生这种情况），而是从根本上防止这类事件发生或缓解未来此类事件产生的影响。

1.5　纵深防御

你已经了解了安全漏洞的潜在影响、可能面临的攻击类型以及应对这些攻击的策略，下面我将向你介绍防止这些攻击的方法。纵深防御是军事演习和信息安全的共同战略。基本概念是制定一个多层防御，确保在一个或多个防御措施失败的情况下仍能成功抵抗攻击。

图 1-5 展示的是保护你资产的多层防御样式。

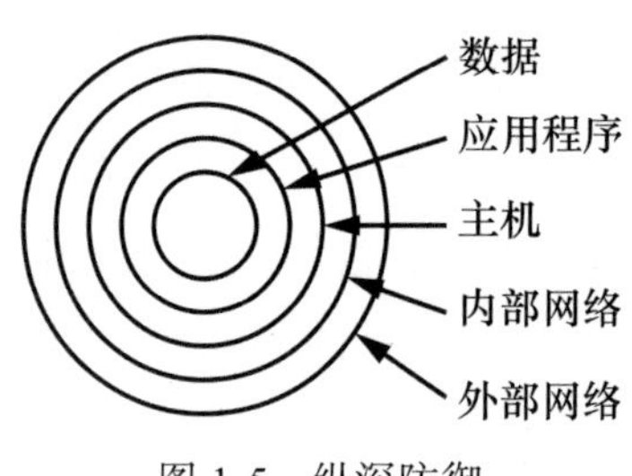

图 1-5　纵深防御

你至少需要对外部网络、内部网络、主机、应用程序和数据层进行防御。各层良好的防御措施将增加成功渗透网络并直接攻击资产的难度。

也就是说，纵深防御不是灵丹妙药。无论进行多少层防御，或者你在每层设置了多少个防御措施，都不可能无限期地阻挡每一个攻击者。这也不是信息安全背景下纵深防御的目标。纵深防御的目标是，在你真正重要的资产和攻击者之间设置足够的防御措施，从而及时发现正在进行的攻击，并有足够的时间来阻止它。

这种拖延策略的一个例子是，要求员工每 60 天或 90 天更换一次密码。这使得攻击者更难及时破解密码继续使用。

使用严格的密码构建规则是另一种拖延策略。比如，密码“mypassword”共有 10 个字符，只使用一个字符集。攻击者使用相对较慢的现成系统可能需要一到两周时间才能破解此密码，而使用特制的密码破解系统或僵尸网络，可能只需要一两个小时。

如果你使用更安全的密码设置规则，使用 MyP@ssword1 这样的密码，虽然也是 10 个字符，但使用了 4 个字符集，在专门构建的硬件上破解密码将耗费数千年时间，而对于大型僵尸网络而言，破解密码将耗费数年时间。

如果你要求员工频繁更改密码并创建复杂的密码，攻击者将无法及时破解其中的密码来使用。

密码中的熵

前面讨论的复杂密码示例使用经典的强密码设置方案，该方案由 8 个或更多个字符组成，并包含多个字符集（大写字母、小写字母、数字和标点符号）。有些人会认为包含的熵（不可预测性）不足以保证真正的安全，而且你最好使用一个更长、更混乱无序、更容易记住的密码，比如 correcthorsebatterystaple[㊀]。

最终，你的主要关注点应该是构建合理安全的密码，并定期更改。

纵深防御策略中包含的层会根据防御的情况和环境而有所差别。如前文所述，从严格的逻辑（非物理）信息安全角度来看，你可能希望将外部网络、网络边界、内部网络、主机、应用程序和数据层视为防御区域。

你可以通过包含其他重要层（如物理防御、策略或用户意识和培训）来增加防御模型的复杂度，但我暂时还是举一个更简单的例子。

表 1-1 列出了所讨论的每一层可能使用的一些防御措施。

表 1-1 分层防御

分层	防御措施
外部网络	DMZ
	VPN
	日志
	审计
	渗透测试
	漏洞分析

㊀ Munroe, Randall. “ Password Strength. ” xkcd: A Webcomic of Romance,Sarcasm, Math, and Language, accessed July 2, 2019. https://xkcd.com/936/.

（续）

分层	防御措施
网络边界	防火墙
	代理
	日志
	状态包检测
	审计
	渗透测试
	漏洞分析
内部网络	IDS
	IPS
	日志
	审计
	渗透测试
	漏洞分析
主机	用户认证
	防病毒
	防火墙
	IDS
	IPS
	密码
	散列
	日志
	审计
	渗透测试
	漏洞分析
应用程序	SSO
	内容过滤
	数据验证
	审计
	渗透测试
	漏洞分析

（续）

分层	防御措施
数据	数据加密
	访问控制
	备份
	渗透测试
	漏洞分析

在一些情况下，由于防御措施适用于多个领域，因此会在多个层实施防御性措施。渗透测试就是一个很好的例子，这种方法通过使用攻击者用来入侵的相同策略来发现安全漏洞，在每个层中都应用这种策略。第 14 章中将进行更深入的讨论。你可能想在防御的每一层都使用渗透测试。你还可以查看特定控制绑定到特定层的位置，例如网络边界的防火墙和代理。与安全领域中的所有内容一样，你可能会认为，某些或所有这些控制可能存在于所显示的层以外，但这只是一个很好的通用指导原则。后面将更详细地讨论表 1-1 中所示的每个领域，以及你可能想要针对每个领域使用的具体防御措施。

1.6　小结

在讨论与信息安全有关的问题，如攻击和控制时，有一个模型可以提供帮助。本章讨论了两种可能的模型：CIA 三要素，由机密性、完整性和可用性组成；Parkerian 六角模型，由保密性、完整性、可用性、拥有或控制、真实性和实用性组成。

当你着眼于预防攻击时，了解攻击发生时损害的一般类型也会很有帮助。攻击可能通过拦截、中断、篡改或伪造来影响环境。各种损害效果都会影响到 CIA 三要素的特定领域。

在讨论你可能面临的具体威胁时，理解风险的概念十分重要。只有当威胁存在并且存在威胁可以利用的漏洞时，你才会面临被攻击的风险。要缓解风险，你可以使用三种主要的控制类型：物理控制、逻辑控制和管理控制。

本章最后介绍了深度防御，这是信息安全领域中一个特别重要的概念。要使用此概念构建防御措施，你需要设置多层防御，以延迟攻击者足够长的时间来提醒你注意攻击，使你能够进行更积极的防御。

本章讨论的概念是信息安全的基础，在许多组织的正常信息安全任务中会经常被使用，例如，你可能会听到有人谈论违反机密性或电子邮件消息的真实性。

信息安全是任何规模的组织日常关注的事项，尤其是那些处理各种个人信息、财务数据、医疗数据、教育数据或组织所在国家/地区法律规定的其他类型信息的组织。如果一个组织不在信息安全方面投资，后果将会十分严重。如果它们失去对关键数据或敏感数据的控制，则可能会面临罚款、诉讼，甚至无法继续开展业务。简而言之，信息安全是现代商业世界的关键组成部分。

1.7 习题

以下是一些问题，可以帮助你复习本章的关键概念：

1. 解释漏洞和威胁之间的区别。

2. 哪五项内容可能被认为是逻辑控制？

3. 哪个术语可以用来描述数据的有用性？

4. 哪类攻击是对机密性的攻击？

5. 你怎样得知在什么情况下可以认为你的环境是安全的？

6. 利用纵深防御概念，你可以使用哪些层来保护自己，防止他人从你的环境中删除 USB 闪存驱动器上的机密数据？

7. 基于 Parkerian 六角模型，如果你丢失了一批包含客户个人和付款信息的加密备份磁带，会影响哪些原则？

8. 如果你环境中的 Web 服务器基于 Microsoft 的 Internet 信息服务（IIS）构建，并且发现了攻击 Apache Web 服务器的新蠕虫，你有什么需要担心的吗？

9. 如果你为环境开发了一个新策略，要求使用复杂的、自动生成的密码，密码对每个系统都是唯一的，且长度至少为 30 个字符，如 !Qa4(j0nO$&xn1%2AL34ca#!Ps321$，那么会有什么负面影响？

10. CIA 三要素和 Parkerian 六角模型的优缺点是什么？

第2章

身份识别和身份验证

当开发安全措施时，无论特定机制还是全部基础设施，身份识别和身份验证都是关键概念。简单地说，身份识别是声称某人或某物是什么，而身份验证则确定该声明是否属实。你会看到，这样的过程每天都在以各种各样的方式发生。

使用需要个人识别码（Personal Identification Number，PIN）的支付卡就是身份识别和身份验证的一个常见示例。刷卡上的磁条，就是在声称你就是卡代表的人。在这一点上，你只是提供了自己的身份，但仅此而已。当输入与卡关联的PIN时，你正在完成事务过程中的身份验证，证明你是合法的持卡人。

我们日常使用的一些身份识别和身份验证方法特别脆弱，这意味着安全性在很大程度上将依赖参与事务的人的诚实和勤勉。例如，你出示身份证买酒，就是在向人们证实你的身份真实准确，除非他们有权访问身份证的维护系统，否则他们就无法对此进行验证。我们还依赖执行身份验证的人员或系统的能力。这些人员和系统不仅必须能够执行身份验证操作，还必须能够对虚假或欺诈性活动进行检测。

你可以使用几种方法进行身份识别和验证，从要求简单的用户名和密码，到执行专用的能够以多种方式确定你身份的硬件令牌。在本章中，我将讨论其中几种方法，并探讨它们的用法。

2.1 身份识别

正如你刚刚学到的，身份识别是简单地声称“我们是谁”。这可能包括我们声称自己是谁，网络上的系统是谁，或者电子邮件的发起方是谁。你将看到一些确定身份的方法，并检查这些方法的可信度。

2.1.1 我们声称自己是谁

我们声称自己是谁，只是一个很小的概念。我们可以通过全名、姓名的缩写、昵称、账号、用户名、身份证、指纹或DNA样本来识别。但这种身份识别方法并不是唯一的，甚至一些被认为唯一的身份识别方法，如指纹，也可以被复制，只有少数情况例外。

在许多情况下，我们声称的人可能会发生变化。例如，女性在结婚时经常改变自己的姓氏。此外，我们通常可以很容易地改变身份的逻辑形式，如账号或用户名。即使身高、体重、肤色和瞳孔颜色等物理标识也可以改变。实现身份识别的关键因素之一就是，仅仅声称身份是不够的。

2.1.2 身份证实

身份证实是比身份识别更为重要的一步，但距离身份验证还差一步，我将在下一节讨论。当你被要求出示驾驶证、社保卡、出生证或其他类似形式的身份证明时，这通常是为了证实身份，而不是验证。这大致相当于某人声称自己是John Smith，你询问他是否真的是John Smith，当得到对方“当然，我是”的答案时你会感到满意（外加一些文书工作）。

我们可以更进一步，根据数据库来证实身份识别的形式（比如护照），该数据库保存着一份附加信息副本，将照片和物理细节与站在面前的人进行匹配。这可能会让我们更接近正确地识别此人，但仍然不符合身份验证要求。我们可能已经证实了ID状态，而且知道此人符合最初获得该ID的人的一般说明，但我们没有采取任何步骤来证明此人确实是正确的人。我们越倾向于证实，而不是验证，我们的控制就越脆弱。

计算机系统也使用身份证实。当发送电子邮件时，你提供的身份将被认为是真实的，系统几乎不会采取任何额外步骤来验证你的身份。这些安全漏洞导致了大量的垃圾邮件流量，思科的塔洛斯情报集团估计，在2017年中至2018年中，垃圾邮件占所有电子邮件的85%[1]。

[1] Cisco, Talos Intelligence Group. “Email & Spam Data.” Accessed July 2, 2019. https://www.talosintelligence.com/reputation_center/email_rep.

2.1.3　伪造身份

正如我已经讨论过的，身份识别的方法会发生变化，因此很容易被篡改。未成年人经常使用假身份证进入酒吧或夜总会，而犯罪分子和恐怖分子也可能使用假身份证进行各种更邪恶的活动。你可以使用一些身份识别方法（如出生证明）来获得其他的身份识别形式，如社保卡或驾照，从而强化这种虚假身份。

基于伪造信息的身份盗窃是当前面临的一个主要问题，2017 年，身份窃贼从美国消费者那里窃取了约 168 亿美元[⊖]。不幸的是，这种攻击很常见，而且很容易实施。只要提供最少量的信息，通常是一个姓名、地址和社保号码，就可以冒充某个人，并以他的名义进行各种事务，如放开一笔信用额度。出现这类犯罪是因为许多活动缺乏身份验证要求。虽然大多数人认为身份证实就足够了，但使用伪造的身份识别形式就很容易绕过身份证实。

计算机系统和环境中存在许多类似的困难。例如，完全能够从伪造的电子邮件地址发送电子邮件。垃圾邮件发送者就经常使用这种策略。我将在第 9 章更详细地讨论这些问题。

2.2　身份验证

在信息安全中，身份验证是用于确定身份声明是否属实的一系列方法。需要注意的是，身份验证并不决定被验证方被允许做什么，这只是一个单独的任务，称为“授权”。我将在第 3 章讨论授权。

2.2.1　因子

进行身份验证有多种方法：你知道的事项、你的特征、你拥有的东西、你所做的事情，以及你所在的位置。这些方法被称为因子。当尝试验证身份声明时，你将使用尽可能多的因子。你使用的因子越多，得到的结果就越真实。

你知道的事项，这是一个常用的身份验证因子，包括密码或 PIN 码。但是，这类

⊖ Pascual, Al, Kyle Marchini, and Sarah Miller. “2018 Identity Fraud: Fraud Enters a New Era of Complexity.” Javelin Strategy, February 6, 2018. https://www.javelinstrategy.com/coverage-area/2018-identity-fraud-fraud-enters-new-era-complexity/.

因子有些弱，因为如果这类因子所依赖的信息被公开，你的身份验证方法就可能不再唯一。

你的特征，这是基于个人相对特有的身体特征的因子，通常称为生物识别。虽然生物识别可以包括简单的属性，如身高、体重、发色或瞳孔颜色，但这些属性通常不够独特，不足以构成非常安全的识别符。而复杂的识别符，如指纹、虹膜、视网膜图案或面部特征，则更为常见。它们比密码要强，因为伪造或窃取物理识别符的副本尽管存在可能性，但更为困难。存在的问题是，生物识别是否真的算是一个验证因子，或者只构成证实。我将在本章稍后的部分再次就生物识别问题进行更深入的讨论。

你拥有的东西，通常是基于物质占有的因子，尽管可以扩展到某种逻辑概念。常见的例子有ATM卡，州或联邦颁发的身份证或基于软件的安全令牌，如图2-1所示[㊀]。一些机构（如银行）已开始使用访问逻辑设备作为身份验证的方法，如手机或电子邮件账户。

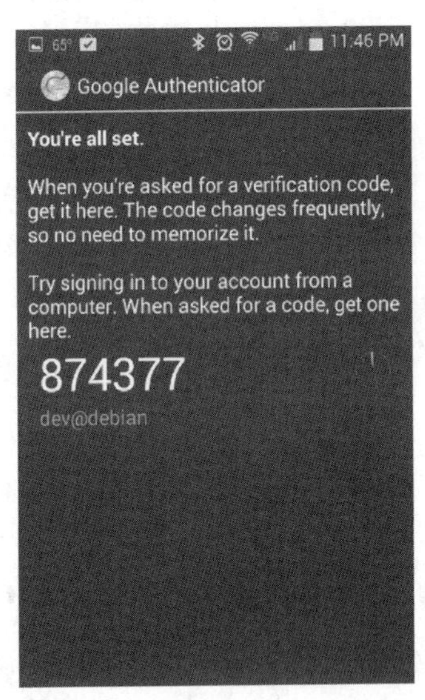

图 2-1　向移动电话发送安全令牌是一种常见的身份验证方法

这类因子的强度可能会根据实施情况而有所不同。如果想要使用发送到不属于你的设备的安全令牌，就需要窃取这个设备来伪造身份验证方法。另外，如果将安全令

㊀ Linux Screenshots. " Google Authenticator on Android. " Flickr. July 5, 2014. https://www.flickr.com/photos/xmodulo/14390009579/.

牌发送到电子邮件地址，拦截起来就会容易得多，而且强度也会大大降低。

你所做的事情，有时被认为是你身体特征的变种，这是基于个人活动或行为的一个因子。这可能包括对个人步态或笔迹的分析，或者对他人输入密码时两次按键时间延迟的分析。这类因子显示了一种强认证方法，不易被伪造。但相较于其他因子，这类因子可能更容易错误地拒绝合法用户。

你所在的位置，是基于地理位置的身份验证因子。这个因子与其他因子的运行方式不同，需要一个人出现在特定的位置。例如，当更改 ATM 的 PIN 码时，大多数银行都会要求你进入分行，在那里还将要求你出示身份证和账号。如果银行允许在线重置 PIN 码，攻击者就可以远程更改你的 PIN 码，并进一步清理你的账户。虽然这类因子可能不如其他一些因子有用，但在不完全颠覆验证系统的情况下，人们很难对抗这一因素。

2.2.2　多因子身份验证

多因子身份验证，是指使用上文中讨论的一个或多个因子。当你只使用两个因子时，有时也称为*双因子身份验证*。

我们回到 ATM 示例，它能够很好地说明多因子身份验证。在这个示例中，你使用的是你知道的事项（你的 PIN 码）和你拥有的东西（ATM 卡）。ATM 卡既是身份验证的一个因子，也是身份识别的一种形式。多因子身份验证的另一个示例是写支票。在这种情况下，你使用的是你拥有的东西（支票）和你所做的事情（签名）。此时，开具支票所涉及的两个因子相当薄弱，所以有时你会看到与第三个因子——指纹一并使用。

根据选定的因子，你可以针对每种情况，组合更强或更弱的多因子身份验证方案。在某些情况下，虽然有些方法可能更难被击败，但实施起来却不切实际。例如，DNA 是一种强大的身份验证方法，但大多数情况下并不实用。我在第 1 章中说过，你的安全应该与你保护的对象价值成正比。你当然可以在每个信用卡终端上安装虹膜扫描仪，但这是昂贵的、不切实际的，而且可能会让客户感到不安。

2.2.3　双向验证

*双向验证*是一种身份验证机制，双方根据该机制对彼此进行身份验证。这些参与方通常是基于软件的。在标准的单向身份验证过程中，客户端向服务器进行身份验证。在双向验证中，不仅客户端向服务器进行身份验证，服务器也向客户端进行身份

验证。双向验证通常依赖数字证书，我将在第 5 章讨论这一点。简而言之，客户端和服务器都将拥有一个证书来验证对方的身份。

在不执行双向验证的情况下，你可能会受到假冒攻击（通常称为中间人攻击）。在中间人攻击中，攻击者将自己插入客户端和服务器之间。然后，攻击者对客户端仿冒服务器，对服务器仿冒客户端，如图 2-2 所示，绕过正常的流量模式，然后拦截和转发通常直接在客户端和服务器之间流动的流量。

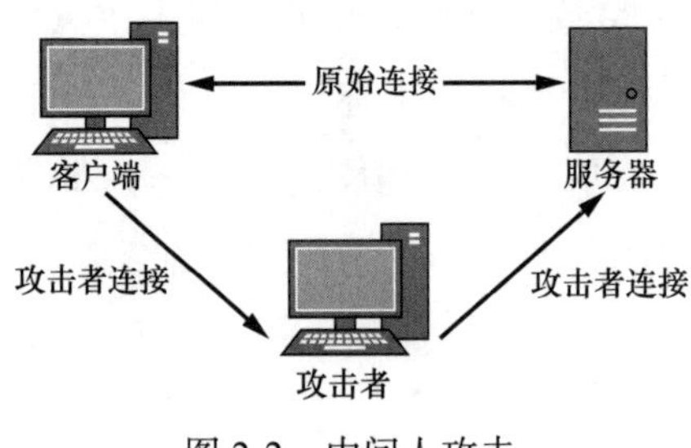

图 2-2 中间人攻击

这通常是可行的，攻击者只需要破坏或伪造从客户端到服务器的身份验证。而如果执行双向验证，这种攻击将更为困难，因为攻击者必须伪造两个不同的身份验证。

尽管多因子验证通常只在客户端进行，但你可以将双向验证与其结合起来。从服务器返回客户端的多因子身份验证不仅在技术上具有挑战性，在大多数环境中也是不切实际的，因为这将增加客户端的技术负担，甚至可能影响用户。你很可能会显著降低生产效率。

2.3 常见身份识别和身份验证方法

我将详细介绍 3 种常见的身份识别和身份验证方法：密码、生物识别和硬件令牌。

2.3.1 密码

大多数经常使用计算机的人都很熟悉密码。密码在与用户名结合使用时，通常允许你访问计算机系统、应用程序、电话或类似设备。虽然密码只是身份验证的一个单独的因子，但如果恰当地设置和使用，密码可以代表相对较高的安全等级。

人们经常将某些密码描述为*强密码*，但更好的描述可能是*复杂密码*。如果你设置的密码只使用小写字母，并且长度仅为 8 个字符，就可以使用密码破解程序快速破解它，如第 1 章所述。如果将字符集添加到密码中，就会增加破解的难度。如果你使用大写字母、小写字母、数字和符号，最终的密码可能很难记忆，例如$sU&qw!3，但更难破解。

除了设置强密码，你需要养成良好的密码安全习惯（密码卫生）。不要把你的密码写下来，然后贴在键盘下或显示器上，这样做完全违背了设置密码的初衷。名为密码管理器的应用程序可以帮助我们管理不同账户的所有登录信息和密码，一部分是本地安装的软件，另一部分是 Web 或移动设备的应用程序。有很多支持和反对这类工具的理由：有些人认为将所有密码存在一个地方并不是一个好主意，但如果小心使用，可以帮助你保持良好的密码卫生。

另一种常见的方式是手动同步密码。简单来说，就是在任何地方都使用相同的密码。如果你的电子邮件、工作中的登录和在线论坛中都使用相同的密码，那么所有账户的安全都将掌握在这些系统所有者的手中。如果其中任何一个被攻破，那么所有账户都将变得易受攻击。攻击者要访问其他账户，只需在互联网上查找你的账户名，找到你的其他账户，使用你的默认密码登录即可。当攻击者进入你的电子邮箱时，游戏就结束了，因为攻击者通常可以使用它来重置你的任何其他账户证书。

2.3.2 生物识别

虽然有些生物特征识别符可能更难伪造，但这只是受限于当今技术。在未来某个时候，我们需要开发更强大的生物识别特征来进行衡量，或者停止将生物识别作为认证机制。

1. 使用生物识别技术

生物识别设备正变得越来越普遍和廉价。只要不到 20 美元，你就可以找到种类繁多的产品。但在你依靠这些设备进行安全保护之前，值得仔细进行研究，因为一些比较便宜的版本很容易被破解。

你可以通过两种方式使用生物识别系统。如前文所述，你可以用它来验证某人提出的身份声明，或者你也可以颠倒这个过程，将生物识别作为身份识别的一种方法。执法机构通常使用这一过程，确定各种物体上指纹的所有者。考虑到这些机构所拥有的指纹库规模巨大，这可能是一项耗时的工作。无论以哪一种方式使用生物识别系统，你都需要让用户进行某种注册过程。注册包括记录用户选择的生物特征，例如复制指纹，并将其保存在系统中。对特征的处理还可能包括记录图像某些部分出现的元素，这些元素称为细节（见图 2-3）。

图 2-3　生物识别细节

你随后可以使用这些细节，将特征与用户进行匹配。

2. 生物识别因子特征

生物识别因子有 7 个特征：普遍性、唯一性、恒久性、易采集性、系统性能、可接受性和防欺骗性[1]。

普遍性，意味着应该能够在你期望加入该系统的大多数人中找到你选择的生物特征。例如，虽然你可以用疤痕作为标识，但你不能保证每个人都有疤痕。即使你选择了一个通用的特征，比如指纹，你也应该考虑到有些人的右手可能没有食指，并做好准备弥补这一点。

唯一性，是衡量某一特征在个体中有多独特的一种标准。例如，如果你选择用身高或体重作为生物识别符，你很有可能在给定的群体中找到几个身高或体重相同的人。你应该尝试选择具有高度唯一性的特征，例如 DNA 或虹膜，但这些特征也可能被有意或无意地复制。例如，同卵双胞胎有相同的 DNA，攻击者可以复制指纹。

恒久性，衡量某一特征在多大程度上抵抗时间和年龄增加而发生的变化。如果选择了一个容易变化的因素，比如身高、体重或手形，你最终会发现自己无法验证合法用户的身份。最好使用指纹这样的因子，如果没有刻意的举动，这类因子不太可能发

[1] Jain, Anil, Arun Ross, and Karthik Nandakumar. " Introduction." In Introduction to Biometrics, 1–49. New York: Springer, 2011.

生变化。

易采集性，衡量获取特征的难易程度。大多数常用的生物识别技术，如指纹，相对容易获取，这也是其运用普遍的原因之一。另外，DNA 样本更难获得，因为用户必须提供基因样本才能注册并在以后再次验证。

系统性能，根据速度、精确度和错误率等因素衡量系统的运行情况。在这一节后面，我将更详细地讨论生物识别系统的准确性。

可接受性，是系统用户对特征接受程度的衡量标准。一般来说，速度慢、难以使用或很难使用的系统不太可能被用户所接受[1]。要求用户脱掉衣服，触摸他人重复使用的设备，提供组织或体液，这样的系统不太可能具有很高的接受度。

防欺骗性，描述了使用伪造的生物标识符欺骗系统的容易程度。“假手指”（gummy finger）是将指纹作为生物特征标识符进行欺骗攻击的典型示例。在这种类型的攻击中，指纹从表面被提取后，将用于创建一个模具，攻击者可以在明胶上创建指纹的正面图像。一些生物识别系统有专用的辅助功能，通过测量皮肤温度、脉搏或瞳孔反应来应对这类攻击。

3. 性能衡量

衡量生物识别系统性能的方法有很多种，但有几个主要指标尤其重要。错误接受率（False Acceptance Rate，FAR）和错误拒绝率（False Rejection Rate，FRR）就是其中的两个[2]。FAR 衡量的是接受一个应该被拒绝的用户的概率，这也称为假阳性。FRR 衡量的是拒绝合法用户的概率，有时被称为假阴性。

你要避免这两种情况过度发生，目标应该是在两种错误类型之间取得平衡，称为等错误率（Equal Error Rate，EER）。如图 2-4 所示，在图中同时绘制 FAR 和 FRR，EER 将是两条线的相交点。我们有时使用 EER 来衡量生物识别系统的准确性。

---

[1] Wolf, Flynn, Ravi Kuber, and Adam J. Aviv. “How Do We Talk Ourselves into These Things? Challenges with Adoption of Biometric Authentication for Expert and Non-Expert Users.” Paper presented at the Association for Computing Machinery CHI Conference on Human Factors in Computing Systems, Montreal, Québec, April 21–26, 2018.

[2] Eberz, Simon, and Kasper B. Rasmussen. “Evaluating Behavioral Biometrics for Continuous Authentication: Challenges and Metrics.” In Proceedings of the 2017 ACM on Asia Conference on Computer and Communications Security. New York: ACM, 2017.

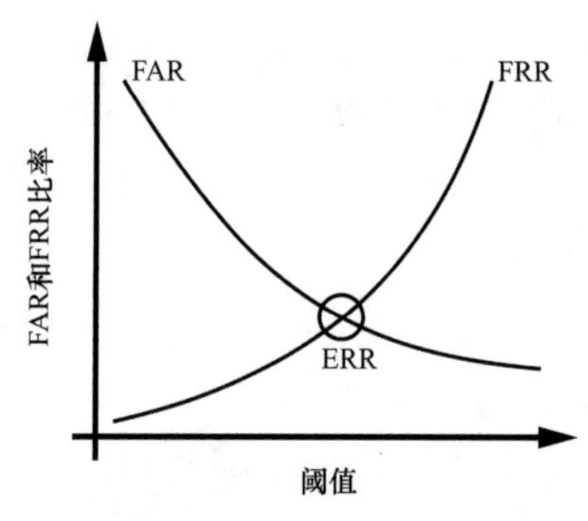

图 2-4 等错误率是错误接受率和错误拒绝率的交叉点

4. 生物识别系统中的缺陷

生物识别系统容易出现几个常见问题。正如我在讨论防欺骗性时提到的，一些生物特征识别符很容易伪造，而且一旦被伪造，就很难在系统中重新注册用户。例如，用用户的两个食指指纹同时注册，而如果这些指纹被泄露，你就可以从系统中删除这些指纹，然后注册另外两个手指指纹，但是，如果已经在系统中注册了所有的手指指纹，那么就根本无法使用手指重新注册。根据所讨论的系统，你可以为相同的标识符选择不同的细节集，但这偏离了讨论的问题，即生物特征标识符是有限的。在 2015 年，这个问题确实出现了，当时一名攻击者侵入了美国人事管理办公室，窃取了 560 万名持有安全许可的联邦雇员的指纹记录[⊖]。

在使用生物识别技术时，你还可能面临隐私问题。当你在生物识别系统中注册时，实际上就给予了一份识别符副本，无论指纹、虹膜还是 DNA 样本，一旦这些被录入计算机系统中，你几乎无法控制它会发生什么。但愿当你不再与机构有关联时，该机构会销毁这些材料，但你无法保证这一点。特别是在 DNA 采样的情况下，交出遗传物质的后果可能会影响你的余生。

2.3.3 硬件令牌

标准的硬件令牌（见图 2-5）是一种小型设备，通常与信用卡或钥匙链的外形（大

⊖ Greenberg, Andy. " OPM Now Admits 5.6M Feds' Fingerprints Were Stolen by Hackers, " Wired, September 23, 2015. https://www.wired.com/2015/09/opm-now-admits-5-6m-feds-fingerprints-stolen-hackers/.

小和形状）相当[⊖]。最简易的硬件令牌看起来与 USB 闪存驱动器相同，并且包含证书或唯一标识符。它们通常被称为加密狗。更复杂的硬件令牌包括液晶显示器（Liquid-Crystal Display，LCD）、用于输入密码的键盘、生物识别读取器、无线设备以及增强安全性的附加设备。

图 2-5 硬件令牌

许多硬件令牌包含一个内部时钟，可根据设备的唯一标识符生成代码，还包含输入的 PIN 码或密码，以及其他可能的因子。通常情况下，代码会传输到令牌的显示器上，并定期更改，一般每 30 秒更改一次。用于跟踪这些令牌的基础设施可以预测任何给定时间的正确输出，以便对用户进行身份验证。

最简易的硬件令牌只代表你拥有的东西，因此很容易被窃取，并被知情者使用。虽然这些设备提高了用户账户的安全等级，而且没有关联账户的证书通常无法使用，但你确实需要保护好它们。

更复杂的硬件令牌可以代表你知道的东西或你的身体特征。它们可能需要 PIN 码或指纹，这将大大增强设备的安全性。除了获得硬件令牌之外，攻击者还需要破坏使用设备的基础设施，或者从设备的合法所有者那里提取你知道的事项或你的特征因子。

2.4 小结

身份识别是对某一方身份的认定，无论人、过程、系统还是其他实体。身份识别

⊖ Kharitonov. " File:EToken NG-OTP.jpg. " Wikimedia. August 11, 2009. https://commons.wikimedia.org/wiki/File:EToken_NG-OTP.jpg.

只是一种身份声明，并没有说明任何可能与身份相关联的权限。

身份验证是用于证实身份声明是否正确的过程。验证与证实不同，后者是一种弱得多的测试某人身份的方式。

执行身份验证时，可以使用多个因子。主要因子包括你知道的事项、你的特征、你所做的事情，以及你所在的位置等。具有超过一个因子的身份验证机制称为多因子身份验证。使用多个因子可以为你提供比其他方式更强大的身份验证机制。

常用的身份验证工具集包括密码、令牌和生物识别符等，但每一种都面临特有的挑战，因此在你将它们作为安全控制集的一部分来执行时，需要处理这些挑战。

在下一章中，我将讨论身份识别和身份验证之后的步骤：授权和访问控制。

2.5 习题

1. 身份认证和身份验证之间有什么区别?

2. 在生物识别系统中，如何衡量无法验证的合法用户身份的比率?

3. 客户端向服务器进行身份验证和服务器向客户端进行身份验证的过程称为什么?

4. 密钥将被描述为哪种类型的身份验证因子?

5. 哪种生物识别因子特征描述了能够抵抗生物特征随时间变化的能力?

6. 如果你使用身份证作为身份验证方案的基础，在这个过程中你需要增加哪些步骤，才能够转变为多因子身份验证?

7. 如果你使用的是只包含 8 个小写字符的密码，那么将长度增加到 10 个字符是否意味着强度会有任何显著的提高？为什么?

8. 说出只使用身份证可能不是一种理想的身份验证方式的三个原因。

9. 当你为用户执行多因子身份验证时，用户登录安全环境的工作站，或登录多人使用的工作站，你会使用哪些因子?

10. 如果你正在为某个环境（如医院）开发多因子身份验证系统，在这个环境中你会发现残疾或受伤用户的数量高于平均水平，那么你希望使用或避免使用哪些身份验证因子？为什么?

第3章

授权和访问控制

正如第2章所论述的，在收到某一方的身份声明，并确定声明是否有效后，你必须决定是否允许其访问你的资源。这可以通过两个主要概念来实现，即授权和访问控制。*授权*是指准确确定被验证方可以做什么的过程。*访问控制*是用于拒绝或允许访问的工具和系统，通常通过访问控制来实现授权。

你可以基于物理属性、规则集、个人清单、系统清单或其他更复杂的要素进行访问控制。当谈及逻辑资源时，你会在日常的应用程序和操作系统以及军事或政府环境中复杂的多层级配置中发现简单的访问控制。你将在本章中更详细地了解访问控制以及一些实现方法。

3.1 什么是访问控制

*访问控制*听起来很有技术性，好像只针对高安全等级的计算设施，但实际上我们每天都要进行访问控制。

- 当你锁闭或打开房门时，你使用的是一种基于钥匙的物理访问控制。（如第2章所述，钥匙是你所拥有的东西；在这种情况下，钥匙既是身份验证方式，也是授权方式。）
- 当你发动汽车时，你也可能会使用钥匙。对于较新的汽车，钥匙甚至可能包括带有射频识别（RFID）标签的额外安全层，这些标签是钥匙上存储的类似证书的识别符。
- 在抵达工作地点后，你可能会使用徽章（同样是你所拥有的东西）进入大楼。

- 当坐在计算机前输入密码（你所知道的事项）时，你正在验证自己，并使用逻辑访问控制系统来访问你已被授予权限的资源。

在每天工作、上学和参与其他活动时，我们中的大多数人经常会遇到许多执行访问控制的情况。

你可能希望通过访问控制来实现四个基本任务：允许访问、拒绝访问、限制访问和撤销访问。这四个操作可以描述大多数访问控制问题或情况。

允许访问，就是授予一方访问给定资源的权限。例如，你可能想授予用户访问某个文件的权限，或者你可能想授予一整组人访问给定目录中所有文件的权限。你还可以通过向员工提供你的钥匙或进入设施的徽章，允许其对资源进行物理访问。

拒绝访问，与授权访问相反。当你拒绝访问时，就是阻止给定方访问某些资源。你可以根据一天当中的不同时间，对尝试登录计算机的人员进行拒绝访问，或者阻止未经授权的人员在营业以外的时间进入大厅。许多访问控制系统都默认设置为拒绝。

限制访问，是指允许一定程度地访问你的资源。在物理安全方案中，你可能拥有一把可以打开大楼内任何门的主钥匙，一把只能打开几扇门的中级钥匙，和一把只能打开一扇门的低级钥匙。当你在易受攻击的环境中使用应用程序时，如在互联网中使用 Web 浏览器，你也可以执行限制访问。

限制访问的方法之一是在沙箱中运行敏感的应用程序。沙箱是包含特定目资源的隔离环境（见图 3-1）。

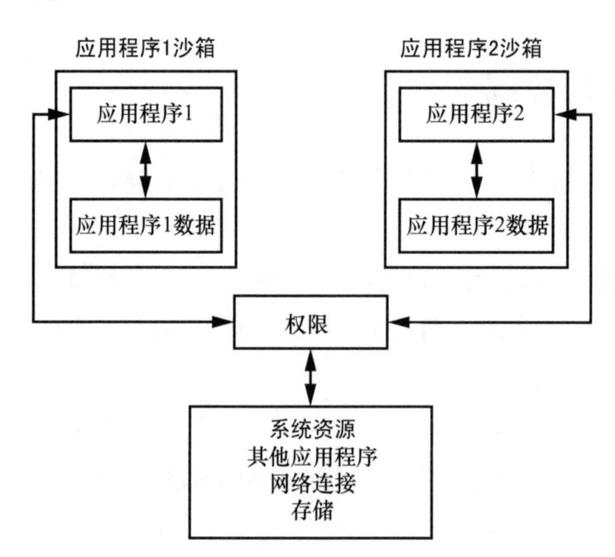

图 3-1　沙箱是用于保护资源的隔离环境

我们使用沙箱来防止内容访问不应该交互的文件、内存和其他系统资源。沙箱对于包含你不信任的内容非常有用，例如来自公共网站的代码。沙箱的一个示例是 Java 虚拟机（Java Virtual Machine，JVM），用于运行 Java 编程语言所编写的程序。JVM 专门用于保护用户免受潜在的恶意下载软件的攻击。

撤销访问是指在授予访问方访问权限后，再将访问权撤回。撤销访问权限对系统的安全性至关重要。例如，如果你要解雇一名员工，会想到撤销他们可能拥有的任何访问权限，包括访问他们的电子邮件账户、你的虚拟专用网络（VPN）和你的设施。当你使用计算机资源时，快速撤销对给定资源的访问也可能特别重要。

3.2　实施访问控制

实施访问控制主要有两种方法，即访问控制列表和访问控制能力。这两种方法各有优缺点，实现前文所述的四个基本任务的方式也各不相同。

3.2.1　访问控制列表

访问控制列表（Access Control List，ACL）包含允许特定方对既定系统拥有何种访问权限的相关信息列表。我们经常看到，实施访问控制列表时，通常作为应用软件或操作系统，以及某些硬件设备（如网络基础设施设备）固件的一部分。我们甚至可以看到，访问控制列表概念通过控制物理资源的软件系统，如门控系统的徽章读取器，能够扩展到物理世界。根据图 3-2 所示的访问控制列表可以发现，其允许 Alice 访问资源，而明确拒绝 Bob 访问。

Alice	允许　✓
Bob	拒绝　✕

图 3-2　简单的访问控制列表

这看起来像是一个简单的概念，但在更大范围的实施过程中，可能会变得相当复杂。各组织通常使用访问控制列表，控制访问其操作系统所运行的文件系统，并控制连接网络的系统流量。你将在本章中了解两种类型的访问控制列表。

1. 文件系统访问控制列表

大多数文件系统中的访问控制列表拥有三种类型的权限（授权允许以特定方式访问特定资源）：读取，允许用户访问文件或目录的内容；写入，允许用户写入文件或目录；执行，如果文件包含能够在相关系统上运行的程序或脚本，则允许用户执行文件内容。

一个文件或目录还可以附加多个访问控制列表。例如，在类似 UNIX 的操作系统中，给定文件可能有单独的针对特定用户或群组的访问列表。系统可能会授予某些个人用户（如特定开发人员）特定的读取、写入和执行权限；授予某些用户群组（如全体开发人员群组）不同的读取、写入和执行权限；授予任何其他经过身份验证的用户第三类读取、写入和执行权限。在基于 Linux 的操作系统上，你可以通过输入以下命令来查看这三组权限：

```
ls -la
```

图 3-3 中显示了系统中的权限。

```
root@ubuntu: /etc
File Edit View Search Terminal Help
-rw-r--r--   1 root root   1260 Mar 16  2016 ucf.conf
drwxr-xr-x   4 root root   4096 Aug 13 15:15 udev
drwxr-xr-x   2 root root   4096 Jan  4  2018 udisks2
drwxr-xr-x   3 root root   4096 Jan  4  2018 ufw
-rw-r--r--   1 root root    403 Apr 27  2017 updatedb.conf
drwxr-xr-x   3 root root   4096 Jul 19 14:09 update-manager
drwxr-xr-x   2 root root   4096 Aug 13 15:46 update-motd.d
drwxr-xr-x   2 root root   4096 Mar 14  2017 update-notifier
drwxr-xr-x   2 root root   4096 Jan  4  2018 UPower
-rw-r--r--   1 root root   1523 Aug 26  2017 usb_modeswitch.conf
drwxr-xr-x   2 root root   4096 Jan 22  2017 usb_modeswitch.d
-rw-r--r--   1 root root     51 Feb 19  2016 vdpau_wrapper.cfg
drwxr-xr-x   2 root root   4096 Jan  4  2018 vim
lrwxrwxrwx   1 root root     23 Dec  4  2017 vtrgb -> /etc/alternatives/vtrgb
-rw-r--r--   1 root root   4942 Jul 15  2016 wgetrc
-rw-r--r--   1 root root     30 Jan  4  2018 whoopsie
drwxr-xr-x   2 root root   4096 Dec  4  2017 wildmidi
drwxr-xr-x   2 root root   4096 Jan  4  2018 wpa_supplicant
drwxr-xr-x  11 root root   4096 Jan  4  2018 X11
drwxr-xr-x   5 root root   4096 Jan  4  2018 xdg
drwxr-xr-x   2 root root   4096 Aug 13 15:07 xml
drwxr-xr-x   2 root root   4096 Jan  4  2018 zm
-rw-r--r--   1 root root    477 Jul 19  2015 zsh_command_not_found
root@ubuntu:/etc#
```

图 3-3 类似 UNIX 操作系统上的文件权限

图 3-3 中每一行代表单个文件的权限。第一个文件 ucf.conf 的权限显示如下：

```
- r w - r - - r - -
```

这看起来可能有点神秘。把命令符分为以下几个部分会有助于解读这些权限：

```
- | rw- | r-- | r--
```

第一个字符通常表示文件类型：- 表示常规文件，d 表示目录。第二段表示拥有文件权限的用户，并设置为 rw -，意味着用户可以读写，但不能执行文件。

第三段群组权限被设置为 r- -，意味着被授予文件所有权的群组成员可以读取该文件，但不能写入或执行该文件。最后一段也被设置为 r- -，意味着任何非文件所有者或非文件群组成员的用户也可以读取，但不能写入或执行。在 Linux 系统中，用户权限仅适用于单个用户，群组权限适用于单个群组。

通过使用文件权限集，可以控制访问使用你的文件系统的操作系统和应用程序。大多数文件系统所使用的系统与分配权限的系统相似。

2. 网络访问控制列表

如果查看网络上的各种活动，无论是私有的还是公开的，你都会注意到控制活动的访问控制列表。在网络访问控制列表中，你通常基于网络事务标识符过滤访问，例如互联网协议（Internet Protocol，IP）地址、媒介访问控制地址和端口。你可以在网络基础设施（如路由器、交换机和防火墙设备）、软件防火墙、类似 Facebook 和 Google 等网站、电子邮件以及其他形式的软件中看到这样的访问控制列表。

网络访问控制列表中的权限往往是二元的，通常用于允许或拒绝某些活动，而不是读取、写入和执行。网络访问控制列表授予的权限通常针对流量，而不是用户。例如，当设置访问控制列表时，可以使用选定的一个或多个标识符，指明你引用哪种流量以及是否允许引用该流量。最好依靠多个标识符来过滤流量，原因你很快就会清楚。

媒介访问控制地址过滤是面向网络访问控制列表的最简单的形式之一。媒介访问控制地址是给定系统中对每个网络接口硬编码的唯一标识符。

遗憾的是，大多数操作系统中的软件设置可能会覆盖网络接口的媒介访问控制地址。由于更改起来很容易，因此它并非网络设备唯一标识符的最佳选项。

你可以改用 IP 地址。理论上，IP 地址是分配给任何使用 IP 通信的网络中每台设备的唯一地址。你可以基于单个地址或整个 IP 地址范围进行过滤。例如，你可以允许 10.0.0.2 到 10.0.0.10 的 IP 地址传输流量，但拒绝 10.0.0.11 及以上的任何流量。然而，与媒介访问控制地址一样，你可以伪造 IP 地址，而且它们不是网络接口所特有的。此外，互联网服务提供商发布的 IP 地址经常变化，因此将 IP 地址作为过滤的唯一基础也存在不稳定因素。

黑洞

一些组织，如运营 Web 服务器、邮件服务器和互联网其他服务的组织，采用大规模过滤来阻止已知的攻击、垃圾邮件发送者和其他恶意流量。这种过滤可能包括丢弃来自单个 IP 地址、某个范围的 IP 地址或大型组织、互联网服务提供商甚至整个国家的整个 IP 空间的流量。这通常被称为黑洞，因为从用户的角度看，发送到过滤目的地的任何流量似乎都消失在黑洞之中。

第三种过滤流量的方式是使用在网络上用于通信的端口。网络端口是两台设备之间连接的数字标识，用于标记流量应路由到的应用程序。许多常见的服务和应用程序使用的是特定端口。例如，FTP 使用 20 和 21 端口来传输文件，交互式邮件存取协议（Internet Message Access Protocol，IMAP）使用 143 端口来管理电子邮件，安全外壳（Secure Shell，SSH）使用的是 22 端口来管理到系统的远程连接。还有更多的例子，因为总计有 65 535 个端口。

你可以允许或拒绝来自或发送到你想要管理的任何端口的流量，控制网络上许多应用程序的使用。但与媒介访问控制和 IP 地址一样，应用程序使用的特定端口是约定，而不是绝对规则。你可以相对轻松地将应用程序使用的端口更改为完全不同的端口。

正如你刚才看到的，如果使用单一属性来构建网络访问控制列表，你可能会遇到各种问题。如果你使用的是 IP 地址，其属性可能不是唯一的。如果你使用的是媒介访问控制地址，你的属性将很容易更改，如果你使用端口，则依赖的是协议而不是规则。

当把几个属性组合在一起时，你将开始获得一种更安全的技术。例如，通常同时使用 IP 地址和端口，这种组合通常称为套接字（socket）。在使用套接字时，你能够通过网络上一个或多个应用程序，以可行的方式允许或拒绝来自一个或多个 IP 地址的网络流量。

你还可以构建访问控制列表，根据各种其他标准进行过滤。在某些情况下，你需要根据更具体的信息，如单个数据包或相关的一系列数据包的内容来允许或拒绝流量。你在使用这些技术时，可以过滤掉非法共享的受版权保护的资料的相关流量。

3. ACL 系统的弱点

使用 ACL 管理权限的系统容易受到混淆代理问题的攻击。当具有资源访问权限的软件（代理）拥有比控制软件的用户更高级别的资源访问权限时，就会出现这类问题。如果你能欺骗软件滥用其更高级别的权限，你就有可能实施攻击[⊖]。

多种攻击实际上就利用了混淆代理问题。这通常涉及欺骗用户采取一些行动，而让他们真正认为自己在做完全不同的事情。许多攻击是客户端攻击，利用了用户计算机上运行的应用程序的弱点。这些攻击可能是通过 Web 浏览器发送并在本地计算机上执行的代码、格式错误的 PDF 文件，或嵌入攻击代码的图片和视频。在过去几年中，软件供应商越来越关注这类攻击，并开始在他们的软件中构建防御措施，但也经常出现新的攻击。跨站请求伪造（Cross-Site Request Forgery，CSRF）和点击劫持（clickjacking）是两种常见的利用混淆代理问题的攻击。

*跨站请求伪造*是一种滥用用户计算机浏览器权限的攻击。如果攻击者知道或可以猜到已经验证用户身份的网站，类似 Amazon.com 这样的常见网站，攻击者就可以在网页或基于 HTML 的电子邮件中嵌入链接，通常指向由攻击者控制的网站所托管的图片。当目标的浏览器试图获取链接中的图片时，同时会执行攻击者嵌入的附加命令，并常常以目标完全不可见的方式执行。

在图 3-4 所示的示例中，攻击者嵌入了将资金从 BankCo 账户转移到攻击者离岸账户的请求。由于 BankCo 服务器将请求视为来自经过身份验证和授权的用户，因此会继续转账。在这个示例中，混淆代理的是银行的服务器。

点击劫持，也称为*用户界面伪装*，是一种特别狡猾且有效的客户端攻击，利用了较新的 Web 浏览器所提供的页面渲染功能。攻击者实施点击劫持攻击，必须合法控制或已经控制网站的某一部分。攻击者通过在客户常点击的地方放置一个看不见的层来创建或修改站点，这会导致客户端执行的命令与他们认为正在执行的命令不同。你可以通过点击劫持攻击欺骗客户购买、更改应用程序或操作系统中的权限，或执行其他多余的活动。

⊖ Hardy, Norm. “The Confused Deputy: (Or Why Capabilities Might Have Been Invented).” ACM SIGOPS Operating Systems Review 22, no. 4 (October 1988): 36–38.

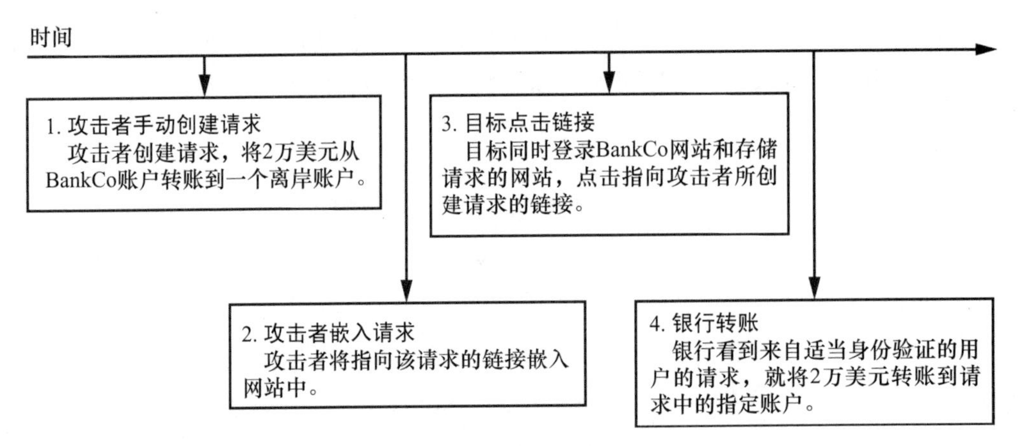

图 3-4 跨站请求伪造攻击示例

3.2.2 能力

ACL 基于指定资源、标识符和一组权限来定义权限，其通常保存在某种类型的文件中。然而，你也可以基于用户的令牌或密钥定义权限，它们也称为能力。虽然令牌在大多数情况下不是实物，但你可以把它想象成用来打开楼门的徽章。这座大楼只有一道门，很多人都有一个可以开门的令牌，但是每个人都有不同的访问等级。一个人可能只被允许在工作日的营业时间进入大楼，而另一个人可能会被允许在一周中任何一天的任何时间进入大楼。

在基于能力的系统中，访问资源的权限完全基于拥有令牌，而不是谁拥有令牌。如果你将令牌交给其他人，他就能够以你所拥有的任何权限进入大楼。当涉及逻辑资产时，应用程序可以与其他应用程序共享令牌。

如果你使用能力而不是 ACL 来管理权限，那么可以防止混淆代理攻击。由于攻击者无法滥用用户权限，因此跨站请求伪造和点击劫持攻击就无法发生，除非攻击者有权访问用户的令牌。

3.3 访问控制模型

访问控制模型是确定应该允许谁访问哪些资源的一种方式。目前有许多种不同的访问控制模型。这里介绍的是最常见的访问控制模型，包括自主访问控制、强制访问控制、基于规则的访问控制、基于角色的访问控制、基于属性的访问控制和多级访问控制。

3.3.1 自主访问控制

在自主访问控制（Discretionary Access Control，DAC）模型中，资源的所有者确定谁可以访问资源，及其拥有的明确的访问等级。你可以看到，大多数操作系统能够执行自主访问控制。如果你决定在微软操作系统中创建网络共享，那么你能够控制其他人对系统的访问。

3.3.2 强制访问控制

在强制访问控制（Mandatory Access Control，MAC）模型中，资源的所有者不能决定谁可以访问资源。相反，不同的群组或个人有权设置对资源的访问权限。你经常可以发现在政府组织中执行强制访问控制。在这些组织中，访问资源很大程度上取决于该资源所使用的敏感标签（如机密或绝密），个人被允许访问的敏感信息等级（可能仅是机密），以及个人实际上是否需要访问资源（称为最小权限原则）。

最小权限原则

最小权限原则规定，你应该只给一方执行功能所需的最低访问等级。例如，组织销售部门的人员完成工作，应该无须访问组织人力资源系统中的数据。违反最小权限原则是当今许多安全问题的根源。

错误执行最小权限原则的最常见方式之一，是授予操作系统用户账户的权限。尤其是在微软操作系统中，你经常会发现临时用户正在文字处理器中创建文档和发送电子邮件，该用户被配置了管理访问权限，使其能够执行操作系统允许的任何任务。

正因为如此，每当超过权限的用户打开包含恶意软件或代码的电子邮件附件，或预定将攻击代码推送到客户端计算机的网站时，这些攻击就会肆无忌惮地控制系统。攻击者可以轻而易举地关闭反恶意软件工具，安装附加攻击工具，然后进一步完全破坏系统。

3.3.3 基于规则的访问控制

基于规则的访问控制（rule-based access control）允许根据系统管理员定义的一组规则进行访问。如果规则匹配，那么将相应地允许或拒绝对资源的访问。

路由器使用的 ACL 就是一个很好的示例。你可能会看到一个规则，允许端口 C 上从起点 A 到终点 B 的流量。两个设备之间的任何其他流量都将被拒绝。

3.3.4 基于角色的访问控制

基于角色的访问控制（Role-Based Access Control，RBAC）模型允许基于个人角色所授予的访问权限进行访问。如果一名员工的唯一角色是将数据输入应用程序中，那么基于角色的访问控制将强制你只允许该员工访问这个应用程序。

如果你的员工有一个更复杂的角色，可能是在线零售商的客服，可能需要其有权访问客户的支付状态和信息、发货状态、历史订单和退货信息。在这种情况下，基于角色的访问控制将授予其相当多的访问权限。你可以看到，在许多面向销售或客服的大型应用程序中执行基于角色的访问控制。

3.3.5 基于属性的访问控制

基于属性的访问控制（Attribute-Based Access Control，ABAC），是基于人员、资源或环境的特定属性。你经常会发现在基础设施系统上，如网络或电信环境中的基础设施系统上会执行这种模型。

主题属性属于个人。我们可以选择属性的任意数字，比如游乐场游乐设施中经典的“你必须这么高才能骑”的高度。主题属性的另一个常见示例是验证码（CAPTCHA），又称为“完全自动区分计算机和人类的图灵测试（Completely Automated Public Turing Tests to Tell Humans and Computers Apart)”（见图 3-5）[1]。验证码控制访问基于另一端的一方是否能通过机器（理论上）难以完成的测试。

资源属性属于资源，如操作系统或应用程序。你将经常看到由资源属性控制的访问，这通常基于技术原因而不是安全原因。一些软件只能在特定的操作系统上运行，而一些网站只能适用于某些浏览器。你可以通过要求某人使用特定的软件或协议进行通信，将这种类型的访问控制作为一种安全措施来运用。

环境属性基于环境条件实现访问控制。人们通常使用时间来控制对物理和逻辑资源的访问。大楼门禁通常只允许访客在营业时间进入。许多 VPN 连接都有时间

[1] von Ahn, Luis, Manuel Blum, and John Langford, “Telling Humans and Computers Apart Automatically.” Communications of the ACM 47, no. 2 (February 2004): 56–60.

限制，强制用户每 24 小时重新连接一次，以防止用户在删除连接的授权后依然保持连接。

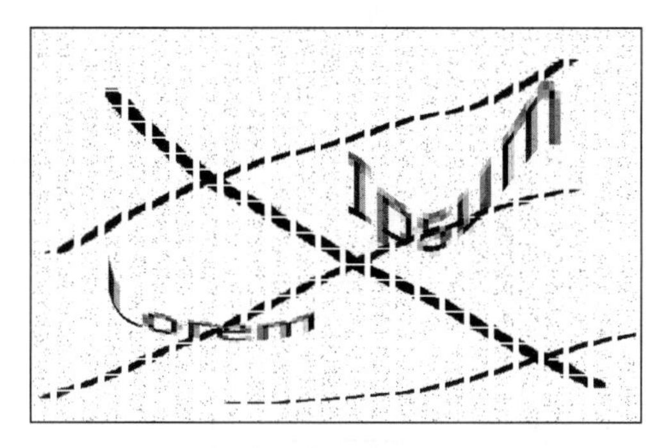

图 3-5　旨在证实用户是人的验证码

3.3.6　多级访问控制

多级访问控制（multilevel access control）模型结合了本节讨论的几种访问控制模型。当简易的访问控制模型被认为不足以保护你控制访问的信息时，就可以使用多级访问控制。处理敏感数据的军事和政府组织经常使用多级访问控制模型对各种数据进行访问控制，从核机密到受保护的健康信息。下面你将了解其中一些模型。

1. Bell-LaPadula 模型

Bell-LaPadula 模型结合了自主访问控制和强制访问控制，并且主要关注相关资源的机密性，换句话说，确保未经授权的人无法读取。当你看到这两个模型同时执行时，强制访问控制优先于自主访问控制，而且自主访问控制在强制访问控制权限允许的访问范围内运行。

例如，你的一项资源被列为机密，一个用户拥有机密级许可；在强制访问模式下，用户将有权访问该资源。但是，在自主访问控制权限下，可能还有一层额外的强制访问控制，因此如果资源所有者未授予用户访问权限，即使拥有自主访问控制权，用户也无法访问。在 Bell-LaPadula 模型中，有两个安全规则定义了信息流入和流出资源的方式。[㊀]

- **简单安全规则**。授予个人的访问等级必须至少与资源的等级一样高，个人才

㊀ LaPadula, Leonard J., and D. Elliott Bell. Secure Computer Systems: Mathematical Foundations (MITRE Technical Report 2547, Vol. 1). Bedford, MA: MITRE Corporation, March 1, 1973.

能访问。换句话说，个人不能读取较高等级的资源，但可以读取较低等级的资源。

- *** 属性（或星属性）**。任何访问资源的人都只能将其内容写入（或复制）到同一等级或更高等级的另一个资源中。

你可以将这些属性分别总结为“不向上读”和“不向下写”，如图 3-6 所示。

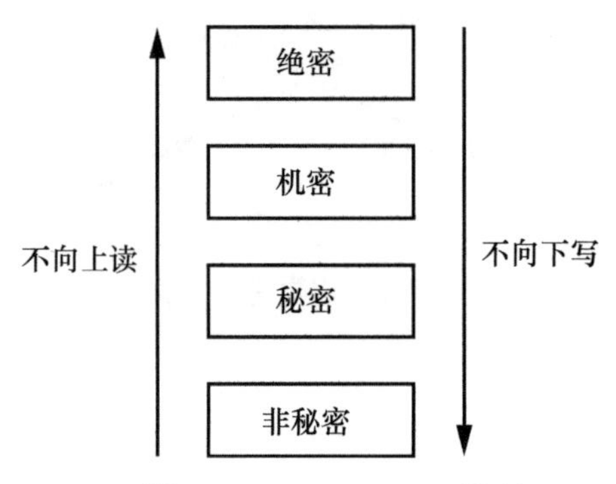

图 3-6　Bell-LaPadula 模型

简而言之，这意味着当你处理机密信息时，你不能读取高于你许可等级的任何内容，也不能将机密数据写入任何更低等级的内容中。

2. Biba 模型

Biba 访问控制模型主要关注保护数据的完整性，甚至以牺牲机密性为代价。这意味着阻止人们修改数据比不让人们查看数据更为重要。该模型有两个安全规则，与 Bell-LaPadula 模型中讨论的规则完全相反。[⊖]

- **简单完整性规则**。授予个人的访问等级必须高于资源的等级。换句话说，对一个等级的访问不会授予对较低等级的访问权限。
- *** 完整性规则（或星完整性规则）**。任何访问资源的个体都只能将其内容写入同一等级或更低等级的资源。

我们可以将这些规则分别概括为“不向下读”和“不向上写”，如图 3-7 所示。这意味着将严格区分高完整性资产（意味着不能被更改）和低完整性资产。

当涉及信息保护时，这似乎完全违反直觉。但这些规则通过确保你的资源只能

⊖ Biba, K.J. Integrity Considerations for Secure Computer Systems (MITRE Technical Report 3153). Bedford, MA: MITRE Corporation, 1975.

由具有高等级访问权限的用户写入，但其不能访问等级较低的资源，从而保护数据的完整性。假设一个组织同时执行低完整性进程和高完整性进程，前者收集用户上传的（可能是恶意的）PDF，后者扫描来自高机密等级系统的文档。在 Biba 模型中，上传进程无法将数据发送到扫描进程，因此无法破坏机密输入。最重要的是，即使指向扫描进程，也无法访问低等级数据。

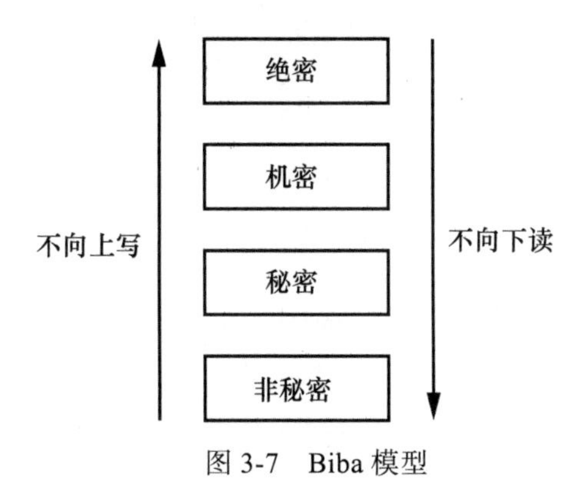

图 3-7 Biba 模型

3. Brewer&Nash 模型

Brewer&Nash 模型也称为 Chinese Wall 模型，是一种旨在防止利益冲突的访问控制模式。Brewer&Nash 模型通常用于处理敏感数据的行业，如金融、医疗或法律行业。该模型考虑了三个主要的资源类别。[⊖]

- 对象：属于单个组织的资源，如文件或信息。
- 公司组：属于组织的所有对象。
- 冲突类：与竞争方有关的所有对象组。

代表某一行业公司的商业律师事务所可能拥有与各种相互竞争的个人和公司有关的档案。律师事务所的个体律师能够访问不同客户的文件，这就导致其可能访问到会产生利益冲突的机密数据。在 Brewer&Nash 模型中，律师能够访问资源和案件材料的等级将根据之前访问的材料而动态变化（见图 3-8）。

在示例中，律师查看客户 A 的案件材料后，将不能够访问客户 B 的信息或任何与当前客户存在竞争的其他方的信息，以解决利益冲突。

⊖ Lin, T.Y. " Chinese Wall Security Policy—An Aggressive Model. " In Proceedings of the Fifth Annual Computer Security Applications Conference. Piscataway, NJ: IEEE, 1989.

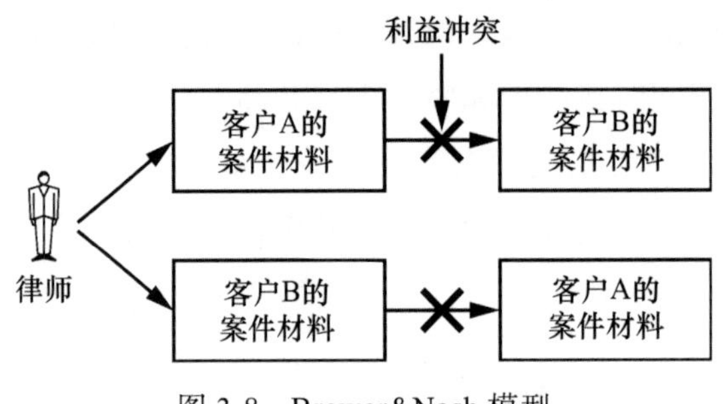

图 3-8　Brewer&Nash 模型

3.4　物理访问控制

到目前为止，你已经看到了本章中介绍访问控制概念的逻辑示例，其中许多方法也适用于物理安全。我们现在来看一下这类示例。

物理访问控制通常涉及控制人员和车辆的移动。针对个人的访问，通常使用大门的徽章（如第 2 章所述）来控制其进出大楼或设施的行为。使用徽章的门控系统，通常在运行的软件中使用访问控制列表，用于允许或拒绝访问特定的门，并控制每天访问的时间。

管理大楼进出中一个更常见的安全问题是尾随，当你在验证物理访问控制措施时（如徽章），另一个人直接跟着你进出而没有进行身份验证，就会发生这种情况。尾随可能会导致各种问题，包括在紧急情况下无法准确地显示出大楼内的人员。

我们可以尝试通过许多方法来解决尾随的问题，包括实施禁止尾随的政策，在该地区派驻警卫，或者简单地（但价格可能昂贵）安装一个物理门禁，一次只允许一个人通过，如旋转门。所有这些都是合理的解决方案，但根据环境，可能有效，也可能无效。你经常会发现，将多种解决方案组合起来比任何单一的解决方案都更加有效。

物理访问控制的一个更为复杂的例子，是许多机场使用的安检系统。2001 年 9 月 11 日，美国发生恐怖袭击后，机场的安全等级被提高了。一旦进入机场安检系统，就要求你出示登机牌和身份证明（两倍于你所拥有东西的数量）。你通常需要经过几个步骤，确保你没有携带任何危险设备，这就是一种基于属性的访问控制。随后你走到登机口，再一次在登机前出示登机牌。根据国家和地区的不同，这些流程可能会略有区别，但从访问控制的角度来看，通常并无不同。

对车辆的物理访问控制，通常使用各种简单的围栏，包括新泽西护栏（Jersey

barrier）（见图 3-9）、护柱、单向道钉路障和栅栏，来阻止车辆在未经授权的区域通行[⊖]。你可能还会看到更复杂的装置，包括有人或无人值守的上升栅栏、自动门或大门，以及其他类似的控制装置。

图 3-9　新泽西护栏

当然，还有很多物理访问控制方法。此外，在涉及物理访问控制设备或一般的访问控制时，身份验证设备和访问控制设备之间的界限通常相当模糊，或者完全重叠。例如，物理锁的钥匙可以被认为是身份识别、身份验证和授权，始终是物理访问控制的组成部分。这些术语经常被不准确或不恰当地使用，甚至在安全领域也是如此，这无益于解决问题。

3.5　小结

授权是允许各方访问资源的过程中（身份识别、身份验证和授权过程）的关键步骤。你可以使用访问控制来实现授权。通常情况下，你可以使用其中两种访问控制方法：访问控制列表或能力。虽然能力可以提供保护，防止混淆代理攻击，但运用并不那样频繁。

在构建访问控制系统时，你可以使用访问控制模型，概括出哪些人应该被授予对哪些资源的访问权限。在日常生活中，我们经常会遇到更简单的访问控制模型，如自主访问控制、强制访问控制、基于角色的访问控制、基于属性的访问控制等。在处理敏感数据的环境中，如涉及政府、军事、医疗或法律行业，通常使用多级访问控制模

⊖ 新泽西护栏为位于新泽西州霍博肯的史蒂文斯理工学院所开发，用以区隔高速公路的车道。其特殊之处在于它“凸”字形的设计。这种形状可让车辆在冲撞护栏时，由于第一个接触面为较为有弹性的轮胎，车辆能因此而弹回原车道，减少翻越到对向车道、造成更大事故的概率，同时能起到引导驾驶员视线和美化路容作用。——译者注

型，包括 Bell-LaPadula 模型、Biba 模型，以及 Brewer&Nash 模型等。

下一章将讨论审计和问责，即如何跟踪在身份识别、身份验证和授权完成后的活动。

3.6 习题

1. 论述授权和访问控制之间的区别。
2. Brewer&Nash 模型能够防范哪些问题？
3. 为什么基于网络系统的媒介访问控制地址的访问控制安全性不强？
4. 应该先进行授权还是身份验证？
5. 强制访问控制模型和自主访问控制模型有何不同？
6. Bell-LaPadula 和 Biba 多级访问控制模型都有安全重点，两种模型可以一起使用吗？
7. 如果你在 Linux 操作系统上有一个包含敏感数据的文件，将权限设置为 `rw-rw-rw-`，是否会导致潜在的安全问题？如果是这样的话，CIA 三要素的哪部分可能会受到影响？
8. 你可以使用哪种访问控制模式来防止用户在营业时间以外登录账户？
9. 解释混淆代理问题如何允许用户执行未经授权的活动。
10. 访问控制列表和能力有哪些区别？

第4章

审计和问责

当成功地完成身份识别、身份验证和授权过程后（或者甚至是在完成这些过程时），还需要跟踪组织中正在进行的活动。即使允许一方访问你的资源，仍然需要确保他们的行为符合规则，特别是与安全、业务行为和道德相关的规则。从本质上讲，需要确保能够追究系统用户的责任（见图4-1）。

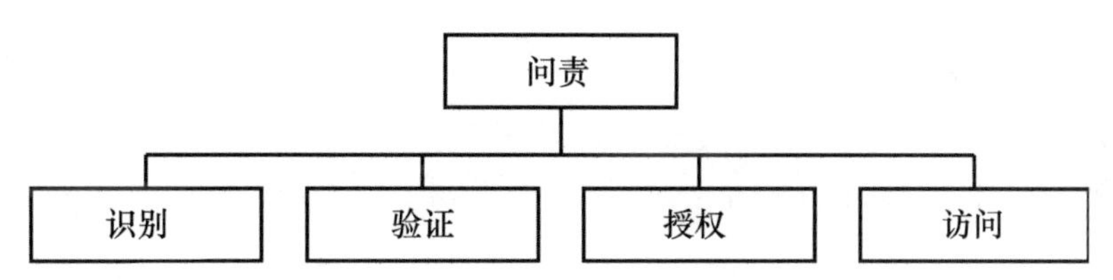

图4-1 始终保持用户为其行为负责

追究某人的责任意味着确保此人对自己的行为负责。这一点尤其重要，因为大多数组织都以数字形式存储了大量信息。如果不跟踪人们如何访问以数字方式存储的敏感数据，可能会遭受业务损失、知识产权盗窃、身份盗窃和欺诈。此外，数据泄露可能会给组织造成法律后果。某些类型的数据（例如医疗和金融数据）在一些国家受到法律保护；在美国，有两部这样的著名法律，分别是1996年保护医疗信息的《医疗保险便携性和责任法案》（Health Insurance Portability and Accountability Act）和2002年保护公司不被欺诈的《萨班斯－奥克斯利法案》（Sarbanes-Oxley Act）。

确保负责的主要措施就是审计，即审查组织的记录或信息的过程。执行审计，确保人员遵守法律、政策和其他管理控制主体。审计也可以防止攻击，如信用卡公司会通过账户购买记录进行登记和审计。如果你决定在一天内购买 6 台笔记本电脑，那么异常行为可能会触发公司监控系统的告警，公司可能会暂时冻结该卡的购买活动。本章将更详细地介绍问责，以及如何使用审计来实施问责。

4.1 问责

为了让人们对自己的行为负责，必须对环境中的所有活动进行追踪溯源。这意味着必须使用身份识别、身份验证和授权过程，以便了解与事件相关联的人员及其执行该事件的权限。

批评问责及其相关的审计工具是很容易的。你可能会说，实施监视技术，就像让一个老大哥监视你。在某种意义上这是真的，如果过度地监视人们，就会创造一个不健康的环境。

但也可能在另一个方向走得太远。如果没有足够的控制措施来阻止或防止人们违反规则和滥用资源，最终将面临安全灾难。“ Equifax 数据泄露”就是一个这样的例子。

Equifax 数据泄露

2017 年，Equifax 的股东、董事会和审计师以及美国政府都没有让 Equifax 对保护消费者的个人信息和财务信息负责。结果，攻击者窃取了 1.47 亿美国人的相关数据，而 Equifax 除了股价短暂下跌外，几乎没有受到什么影响。尽管 Equifax 被带到国会作证，议员们也表示将因此事颁布新的法规，但 Equifax 没有面临任何后果，国会也没有就此事通过任何新的法律。

攻击者利用 Apache Struts2 中的漏洞（被指定为 CVE-2017-5638），即为 Web 使用开发 Java 应用程序的框架。该漏洞使得攻击者能够在相关 Web 服务器上进行远程代码执行（Remote Code Execution，RCE），从而在 Equifax 环境中获得立足点。在攻击发生时，Equifax 有一个针对该漏洞的解决方案，但尚未实施。

尽管截至 2018 年秋季，Equifax 尚未公开披露入侵的具体细节，但我们可以推断，由于攻击者能够侵入面向互联网的服务器，并访问属于 Equifax 客户的个人身份信息，该系统在安全方面存在重大缺陷。例如，Equifax 可能没有包含敏感数据的独立服务器，或者可能使用了糟糕的访问控制等问题。(美国政府问责局发布的一份报告证实了这类问题。[1])

尽管外部组织可能经常会推动问责，但遵守这些要求的动力必须来自组织内部。例如，当一家公司在美国遇到入侵时，法律通常要求其通知那些信息被曝光的人。截至 2018 年 3 月，美国 50 个州都有揭露数据泄露的法律。[2]

然而，许多情况下，在公司通知直接相关人员之前，很少有公司以外的人知道这些数据泄露事件。在这种情况下，当然可以理解为什么一个组织可能会对某一事件只字不提。但是，如果不遵守法律要求，最终可能会被发现。如果不在一开始就妥善处理这种情况，那么当这种情况发生时，你将面临更大的个人、商业和法律后果。

4.2 问责的安全效益

当让人们承担责任时，可以通过几种方式来保持环境的安全：启用一种称为不可否认性的原则，阻止那些可能滥用资源的人，以及进行检测和防止入侵。用来确保问责的流程还可以帮助你准备法律诉讼的材料。

4.2.1 不可否认性

不可否认性指的是这样一种情况，即一个人无法成功地否认自己说过的话或采取过的行动，通常是因为我们有足够的证据证明他们做过。在信息安全设置中，可以通过多种方式实现不可否认性。可以直接从系统或网络日志中生成活动证据，或通过使用所涉及的系统或设备的数字取证检查来恢复此类证据。

还可以使用加密技术（如散列函数）建立不可否认性，以对通信或文件进行数字签名。在第 5 章中将介绍更多关于此类方法的内容。另一个例子是，当系统对从其发送的每封电子邮件进行数字签名时，使人无法否认该电子邮件来自该系统。

---

[1] US Government Accountability Office. " DATA PROTECTION: Actions Taken by Equifax and Federal Agencies in Response to the 2017 Breach." August 30, 2018. https://www.gao.gov/products/GAO-18-559.

[2] Kolodner, Jonathan S., Rahul Mukhi, Martha E. Vega-Gonzalez, and Richard Cipolla. " All 50 States Now Have Data Breach Notification Laws. " Cleary Gottlieb, April 13, 2018. https://www.clearycyberwatch.com/2018/04/50-states-now-data-breach-notification-laws/.

4.2.2 威慑

问责也可以被证明是对不当行为的巨大威慑。如果人们知道在被监视，如果已经告诉他们，违反规则将会受到惩罚，那么这个人在越界之前可能会三思而后行。

威慑的关键在于让人们知道他们将为自己的行为负责。你通常通过审计和监控流程来实现威慑，这两个流程都在 4.3 节中讨论。如果不明确你的意图，那么你的威慑就会失去大部分力量。

例如，作为监控活动的一部分，如果跟踪员工进出设施的工卡访问时间，你可以对照员工每周在考勤卡上提交的次数来验证此活动，以防止员工篡改考勤卡并骗取额外的和不应得的工资。如果员工意识到存在这种交叉检查，他们就不会在考勤卡上撒谎。虽然这看起来有点冒犯性，但现实中的公司在有大量员工从事特定轮班工作（比如在技术支持服务台工作）时，通常会使用这种方法。

4.2.3 入侵检测与防御

当审计环境中的信息时，可以检测并防止逻辑和物理意义上的入侵。如果根据异常活动实施告警，并定期检查记录的信息，则更有可能检测到正在进行的攻击和未来攻击的前兆。

特别是在逻辑领域，攻击可能在几分之一秒内发生，也应该明智地实施自动化工具来监视系统，并对任何异常活动发出告警。可以将这些工具分为两大类：入侵检测系统（Intrusion Detection System，IDS）和入侵防御系统（Intrusion Prevention System，IPS）。

严格地说，入侵检测系统是一种监视和告警工具，当发生攻击或其他不受欢迎的活动时，它仅会发出通知。入侵防御系统通常根据入侵检测系统发送的信息工作，可以根据环境中发生的事件采取行动。为了响应网络上的攻击，入侵防御系统可能会拒绝来自攻击源的流量。第 10 章和第 11 章将更详细地讨论入侵检测系统和入侵防御系统。

4.2.4 记录的可接受性

当试图将记录引入法律环境时，更有可能接受由监管和一致的跟踪系统生成的记录。例如，如果计划提交用于法庭案件的数字取证证据，则可能必须提供可靠且记录在案的证据监管链，以便法庭接受该证据。这意味着需要能够跟踪证据的位置、证据从一个人到另一个人的确切传递方式以及证据在存储过程中的保护方式等信息。

收集证据应该创建一个完整的监管链。如果没有，证据充其量只能被当作道听途说，这将会大大削弱事件的真实性。

4.3 审计

审计是对一个组织的记录进行有系统的检查和审查。[⊖]在几乎任何环境中，从最低等级的技术到最高等级的技术，通常都会通过使用某种审计来确保人们对其行为负责。

通过技术手段确保问责的主要方法之一是准确记录谁做了什么以及他们何时做了什么，然后检查这些记录。如果不能在一段时间内评估活动，就无法大规模地促进问责。尤其是在大型组织中，你的审计能力直接等同于你让任何人对任何事情负责的能力。

还可以通过合同或监管要求进行约束，要求必须接受某种经常性的审计。在许多情况下，这类审计由经认证和授权执行这类任务的不相关的独立第三方进行。前面提到的《萨班斯 – 奥克斯利法案》规定的审计法规就是个好例子，该法案确保公司如实报告其财务业绩。

4.3.1 审计对象

在信息安全领域，组织通常会审计决定访问其各种系统的因素。例如，可以审计密码，进而能够强制执行规定如何构造和使用密码的策略。正如在第 2 章中所讨论的，如果不以安全的方式构造密码，攻击者可以轻松地将其破解。应该验证用户更改其密码的频率。在许多情况下，系统可以使用操作系统或其他实用程序中的功能自动检查密码强度并管理密码的更改操作。必须审计这些工具，以确保它们正常工作。

组织通常也会审计软件许可证。你使用的软件应该有一个许可证，证明是合法获得的。如果外部组织进行审计，发现你正在运行大量未经许可的软件，则可能会对你进行严厉的经济处罚。在收到外部公司的通知之前，如果你能够自己发现并纠正此类

⊖ Dictionary.com. s.v. “Audit.” Accessed July 2, 2019. http://dictionary.reference.com/browse/audit/.

问题，通常是最好的。

商业软件联盟（Business Software Alliance，BSA）就是这样一家代表软件公司（例如 Adobe 或微软）的公司。它定期审计其他组织，以确保它们遵守软件许可。与 BSA 达成的法律和解，所需支付的费用可以达到每出现一次未授权软件支付 25 万美元，还要支付高达 7500 美元的 BSA 法律费用。[1]BSA 还为举报人提供高达 100 万美元的奖励，以鼓励他们举报违法行为。[2]

最后，组织通常会审计互联网使用情况，包括员工访问的网站、即时消息、电子邮件和文件传输。在许多情况下，组织已经配置了代理服务器，以便通过几个网关将所有此类流量汇集在一起，从而允许它们记录、扫描并可能筛选此类流量。这类工具可以检查员工是如何使用这些资源的，遇到滥用的情况即可采取行动。

4.3.2 日志记录

在审计之前，必须创建要审查的记录。日志记录提供了环境中发生活动的历史记录。通常在操作系统中自动生成日志，以跟踪在大多数计算、网络和电信设备上以及在合并或连接到计算机的设备上发生的活动。日志记录是一种反应性工具，它允许用户查看事件发生后的记录。要立即对发生的事情做出反应，需要使用入侵检测系统（IDS）或入侵防御系统（IPS）之类的工具，这将在第 10 章中详细介绍。

通常将日志记录机制配置为仅记录关键事件，但也可以记录系统或软件执行的每个操作。日志可能包括事件记录，如软件错误、硬件故障、用户登录或注销、资源访问和需要更高权限的任务，具体取决于日志记录设置和相关系统。

通常，只有系统管理员可以查看日志，系统的用户不能修改它们，除非可能向它们进行写入。例如，在特定用户的上下文中运行的应用程序通常具有向系统或应用程序日志写入消息的权限。请记住，收集日志而不检查它们是毫无意义的。如果从未查看日志的内容，那么可能一开始就没有收集这些日志。重要的是，要安排对日志进行定期审查，以便发现日志内容中的异常情况。

在正常的安全职责过程中，可能还需要分析与事件或情况相关的日志内容。在进

[1] Scott&Scott, LLP. "BSA Audit Fine Calculator." Accessed July 2, 2019. http://bsadefense.com/fine-calculator/. (Registration is required to use the calculator.)

[2] Business Software Alliance. "BSA End User Reward Program: Terms and Conditions." Accessed July 2, 2019. https://reporting.bsa.org/r/report/usa/rewardsconditions.aspx/.

行调查、事件和法规遵从性检查的情况下，这些类型的活动通常由安全人员负责。如果有问题的时间段超过几天，那么查看日志可能是一项困难的任务。即使搜索相对简单的日志内容（如 Web 代理服务器生成的日志），也可能意味着要筛选大量数据。在这种情况下，使用自定义脚本甚至 grep（一种用于搜索文本的 UNIX 和 Linux 工具）等工具都有助于在合理的时间内完成任务。

4.3.3 监视

作为审计的一部分，监视是观察有关环境的信息，以发现不希望出现的情况，如故障、资源短缺和安全问题，以及可能预示这些情况到来的趋势。与日志记录一样，监视在很大程度上是一种反应性活动，它根据收集的数据（通常来自各种设备生成的日志）采取行动。即使试图预测未来的事件，仍然依赖于过去的数据。

在监视系统时，通常会监视特定类型或模式的数据，例如计算机上增加的资源使用、异常的网络延迟（数据包从网络上的一点到达另一点所需的时间）、针对具有暴露给 Internet 的网络接口的服务器反复发生的某些类型的攻击、在一天中的异常时间通过物理访问控制的通信量等。

当检测到这种活动的异常等级（称为削波电平）时，监控系统可能会向系统管理员或物理安全人员发送告警，或者可能会触发更直接的操作，例如断开来自特定 IP 地址的通信、切换到关键服务器的备份系统或召唤执法官员。

4.3.4 审计与评估

如前所述，日志记录和监视是反应性措施。为了更积极地评估系统的状态，可以使用一种称为评估的审计，它是在攻击者之前发现并修复漏洞的测试。如果能够成功地进行评估，并且是在重复的基础上进行评估，那么将大大提高安全态势，并有更好的机会抵御攻击。为此，可以采用两种方法：漏洞评估和渗透测试。虽然人们经常交替使用这些术语，但它们是两种截然不同的活动。

漏洞评估通常包括使用漏洞扫描工具，如 Qualys（见图 4-2）[⊖]定位环境中的弱点。这类工具的工作方式通常是扫描目标系统，以覆盖开放端口，然后询问每个开放端口，找出到底是哪个服务在侦听它。此外，还可以选择提供凭据（如果有凭据），以允

⊖ Qualys home page. Accessed July 2, 2019. https://www.qualys.com/.

许漏洞扫描程序对有问题的设备进行身份验证，并收集更多详细的信息，如安装的特定软件、系统上的用户以及文件中包含的信息或与文件有关的信息。

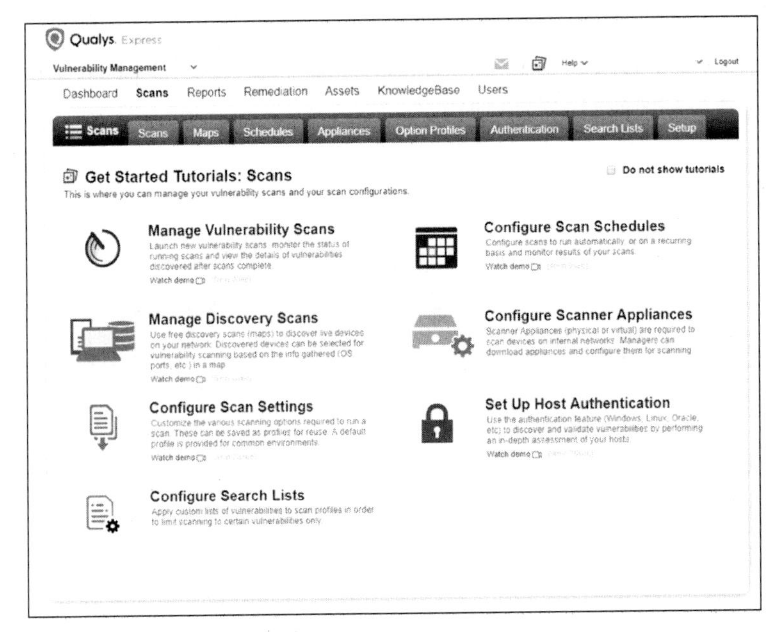

图 4-2　漏洞扫描工具 Qualys

有了这些信息，漏洞评估工具就可以查询其漏洞信息数据库，以确定系统是否可能存在弱点。虽然这些数据库往往是详尽的，新的或不常见的攻击通常不会收录其中。

渗透测试将评估过程推进了几个步骤。当进行渗透测试时，将模拟实际攻击者用来破坏系统的技术。可以尝试从用户或附近的其他系统收集有关目标环境的其他信息，利用基于 Web 的应用程序或 Web 连接的数据库中的安全漏洞，或者通过应用程序或操作系统中未修补的漏洞进行攻击。

第 14 章将更加详细地介绍如何评估安全性。与可以采取的任何安全措施一样，安全评估应该只能作为整体防御策略的一个组成部分。

4.4　小结

对于需要采取的几乎任何操作，某个系统都会在某处创建关联的审计记录。组织会定期查询和更新病史、在校成绩、购买记录和信用记录，它们会使用这些数据来做出可能会影响个人生活的决定，无论结果是好是坏。

当允许他人访问企业的资源或性质敏感的个人信息时，就需要让使用者对其使用这些资源或信息的行为负责。

通过审计流程来追究相关人员的责任，并确保环境符合约束它的法律、法规和政策。可以执行各种审计任务，包括日志记录、监视和执行评估。通过这些过程，既可以对威胁做出反应，也可以积极地预防它们。

下一章将介绍作为当今安全系统支柱的主要加密算法的概况。

4.5 习题

1. 日志记录的好处是什么？
2. 讨论授权和问责之间的区别。
3. 描述不可否认性。
4. 说出可能想要审计的 5 个项目。
5. 为什么在处理敏感数据时问责很重要？
6. 为什么审计安装的软件是个好主意？
7. 在处理法律或监管问题时，为什么需要问责？
8. 漏洞评估和渗透测试的区别是什么？
9. 问责对法院审理案件中证据的可接受性有何影响？
10. 如果环境中包含处理敏感客户数据的服务器（其中一些数据暴露在 Internet 上），你是否希望执行漏洞评估、渗透测试或两者都执行？为什么？

第5章

密码学

密码学是一门保护数据保密性和完整性的科学，它是每天通过你的设备进行大量事务的关键部分。当用手机交谈、查看电子邮件、从网上零售商那里买东西、课税等时，你就会用到密码学。如果没有能力保护通过此类渠道发送的信息，你基于互联网的活动的风险将会增大很多。

在密码学中，*加密*是将可读数据（称为*明码*或*明文*）转换为不可读形式（称为*密文*）的过程。解密是从密文中恢复明文消息的过程。你可以使用称为*密码算法*的特定计算过程来加密明文或解密密文。在本章中，你将看到几个这样的示例。密码算法通常使用一个或多个密钥来加密或解密消息。你可以将密钥视为可以应用于算法以获取消息的密码。

在本章中，你将看到一些最早的密码学示例，然后深入研究现代密码学实践。

5.1 密码学历史

一些最古老的密码学例子可以追溯到古希腊和古罗马。为了隐藏信息，希腊人和罗马人使用了密码，以及一些非正统的方法，如在信使剃光的头上纹上信息，并让头发长在上面。关于密码学的历史信息已经足够编纂一整卷了，而且确实有很多关于这个主题的书，所以我将只回顾几个亮点。

5.1.1 凯撒密码

凯撒密码是古代密码学的经典范例，据说朱利叶斯·凯撒曾使用过。凯撒密码涉及将明文消息的每个字母在字母表中移位一定数量的空格，历史上通常是三个，如图 5-1 所示。移位后，你可以把字母 A 写成 D，把字母 B 写成 E，以此类推。要解密密文，你需要在相反的方向上应用相同数量的移位。

S	E	C	R	E	T	M	E	S	S	A	G	E
V	H	F	U	H	W	P	H	V	V	D	J	H

图 5-1　用凯撒密码加密短语“秘密信息”

我们称这种加密为替代密码，因为它将字母表中的每个字母替换为不同的字母。凯撒密码的最新变体是 ROT13 密码，它使用与凯撒密码相同的机制，但将每个字母在字母表中向前移动 13 位。将每个字母移动 13 位可以方便地解密邮件，因为要获取原始邮件，你只需使用 ROT13 进行另一轮加密；两次旋转将使每个字母返回到其在字母表中的起始位置。执行 ROT13 的实用程序是许多 Linux 和 UNIX 操作系统附带的基本工具集的一部分。

5.1.2 加密机

在现代计算机出现之前，人们使用机器来简化加密，并使更复杂的加密方案变得可行。最初，这些设备是基本的机械设备，但随着技术的进步，它们开始包括电子设备和相当复杂的系统。

由托马斯·杰斐逊于 1795 年发明的杰斐逊磁盘（Jefferson Disk）是一种纯机械密码机。它由 36 个圆盘组成，每个圆盘的边缘都标有字母 A 到 Z，如图 5-2 所示。[⊖]

每个磁盘代表消息中的一个字符。每个磁盘上的字母以不同的顺序排列，并且每个磁盘都标有唯一的标识符，这样你就可以将它们区分开来。

要加密一条消息，你需要将一组磁盘上的字符排成一行，这样它们就可以用明文拼写出消息，如图 5-3 的 A 行所示。然后选择另一行字符作为密文，如 B 行所示。

⊖ US National Security Agency. “18th Century Cipher.” Central Security Service, Digital Media Center, Cryptologic Machines Image Gallery. Accessed July 2, 2019. https://www.nsa.gov/Resources/Everyone/Digital-Media-Center/Image-Galleries/Cryptologic-Museum/Machines/igphoto/2002138769/.

图 5-2 杰斐逊磁盘，最早的密码机之一

	A	F	T	K	D	A	R	X	Z	X	Z	X
	B	K	O	E	E	Q	U	T	Y	U	I	A
	P	I	P	Q	U	W	Z	W	V	Y	U	C
	I	L	Y	G	L	B	C	V	D	Z	P	R
	U	Q	G	B	M	K	W	B	T	W	F	U
	L	A	L	D	A	R	N	U	E	P	E	P
	H	V	C	O	Z	P	M	N	W	S	K	Q
A	M	E	E	T	I	N	G	I	S	A	G	O
	X	C	H	W	V	U	O	S	M	O	Y	J
	O	U	Z	N	Y	H	B	E	X	T	D	B
	E	Z	A	P	N	F	Q	M	U	B	A	G
	V	J	U	X	F	J	I	C	P	E	N	F
	Y	G	R	L	Q	E	A	L	L	K	S	W
	C	Y	M	V	T	O	P	G	K	C	O	D
	G	M	K	A	B	G	S	A	I	C	H	V
	X	W	N	M	W	I	F	D	F	N	R	L
	K	D	F	U	J	D	T	R	B	D	L	M
	F	O	W	H	R	M	J	Q	H	G	X	E
	S	X	N	I	S	T	E	K	O	R	M	Y
	D	B	D	Y	G	V	Y	F	Q	V	T	H
	R	H	Q	Z	K	S	L	J	A	I	J	S
B	T	N	J	R	O	C	H	O	N	L	Q	I
	Q	P	I	F	C	X	K	P	G	F	V	N
	J	R	B	S	X	Z	D	Z	C	M	W	K
	W	S	V	J	H	L	V	H	J	J	B	Z
	N	T	G	C	P	Y	X	Y	R	Q	C	T

图 5-3 使用杰斐逊磁盘加密“会议开始”消息

这个密码的密钥按照磁盘的顺序排列。如果加密和解密设备以相同的顺序排列它们的磁盘，则解密消息所需做的全部工作就是使用磁盘重写密文，然后查看所有行，直到找到明文消息。当然，这仅仅是替代密码的一个更复杂版本，它是通过机械辅助实现的，其中的替换随每个字母而变化。

密码机的一个更复杂的例子是德国制造的恩尼格玛（Enigma）机器（见图 5-4）。[㊀] 由 Arthur Scherbius 于 1923 年发明的恩尼格玛密码机在第二次世界大战期间确保了德国的通信安全。

图 5-4　恩尼格玛密码机

从概念上讲，恩尼格玛密码机类似于杰斐逊圆盘。它基于一组轮子或转子，每个轮子或转子有 26 个字母和 26 个电触点。它还具有用于输入明文消息的键盘和键盘上

㊀ US National Security Agency. " Enigma. " Central Security Service, Digital Media Center, Cryptologic Machines Image Gallery. Accessed July 19, 2019. https://www.nsa.gov/Resources/Everyone/Digital-Media-Center/Image-Galleries/Cryptologic-Museum/Machines/igphoto/2002138774/.

方的一组 26 个字符，这些字符亮起以指示加密的等价物。当你按下恩尼格玛密码机键盘上的某个键时，一个或多个转子会进行物理旋转，从而更改它们之间电触点的方向。电流流经整组磁盘，然后再次通过它们回到原始磁盘，点亮键盘上方字符组上每个字母的加扰版本。

为了让两台恩尼格玛密码机在战争期间进行通信，它们需要具有相同的配置。这需要进行大量的工作，因为每个转子上标有字母的转子和环都需要有相同的位置，并且插入的任何电缆都需要以相同的方式设置。一旦信息被加密，它将通过摩斯电码发送到接收端。当接收器收到加密的摩斯电码信息时，它们会在键盘上输入相应的字符，假设一切都设置正确，解密的字符就会亮起。

有几种型号的恩尼格玛密码机和各种各样的附件，你可以把它们贴在上面。为了进一步增加可能的变化，一些型号有一个配线板，允许你通过将电缆插入不同的位置来交换部分或所有字母。在每个转子上，包含字母表字母的环也可以独立于电触点旋转，以改变所选字符和字符输出之间的关系。

在设备的固有强度和解密所需配置的知识之间，恩尼格玛密码机为那些试图破解它产生的信息的人带来了相当困难的挑战。但该设备的很大一部分优势在于围绕设备和用于特定信息的配置的保密性，安全领域称之为*隐匿式安全*。这些秘密一旦被曝光，加密的信息就不再那么安全了。

布勒特彻里庄园（Bletchley Park）是二战期间英国的一个密码破译基地。1939 年，布勒特彻里庄园的密码学家们得到了一台恩尼格玛密码机并开展密码破译研究。当时，他们建造了一台名为 Bombe 的计算机，尽管他们无法访问每天轮换的恩尼格玛密码机参数，但还是破译了德国人的很大一部分信息。

更多关于恩尼格玛密码机的信息

任何有兴趣亲身体验经典密码历史项目的人都可以通过几种方式与恩尼格玛密码机互动。DIY 爱好者可以购买使用现代电子元件重新创建具有恩尼格玛密码机功能的套件。[一]此外，还有各种基于软件的恩尼格玛模拟器。[二]这些模拟器对于表示转子和通过它们的路径之间的关系特别有用，这些关系随着输入的每个字符而

[一] Crypto Museum. " Enigma-E: Build Your Own Enigma. " Last modified October 15, 2017. https://www.cryptomuseum.com/kits/enigma/index.htm.

[二] Flash Enigma simulator. Accessed July 2, 2019. https://www.enigmaco.de/.

改变。关于这一主题的书也有很多，但其中一本特别好的书是 *The German Enigma Cipher Machine: Beginnings, Success, and Ultimate Failure*，作者是布莱恩·J. 温克尔、西弗·迪沃斯、大卫·卡恩和路易斯·克鲁尔。大卫·卡恩所著的 *Seizing the Enigma: The Race to Break the German U-Boat Codes, 1933–1945* 是另一个很好的资料来源。

5.1.3 柯克霍夫原则

1883年，荷兰语言学家和密码学家奥古斯特·柯克霍夫（Auguste Kerckhoff）在 *Journal des Sciences Militaires* 上发表了一篇题为“La cryptographie militaire”的文章。在这篇文章中，柯克霍夫概述了他认为应该作为所有密码系统的基础的六个原则。[㊀]

1. 系统即使不是数学上不可破译的，也必须是实质上不可破译的。
2. 系统不能要求保密；即使被敌人窃取，系统也应该保持安全。
3. 密钥必须易于交流和记忆，没有书面说明，并且必须易于更改或修改，以便不同的参与者一起使用。
4. 系统应该与电报通信兼容。
5. 系统必须是便携式的，并且使用时要求不能多于一个使用者。
6. 系统必须易于使用，既不需要复杂的思维，也不需要了解一长串规则。

虽然这些原则中的几个（如要求系统支持电报使用或物理上具有便携性）在人们开始使用计算机进行加密后就过时了，但第二个原则仍然是现代密码算法的关键原则。美国数学家和密码学家克劳德·香农（Claude Shannon）后来重申了这一观点，他说：“敌人知道系统。”[㊁]换句话说，密码算法应该足够强大，即使人们知道加密过程的每一个细节，除了密钥本身，他们也不应该能够破译加密。这一想法代表了与隐匿式安全相反的方法。

㊀ Petitcolas, Fabien. “Kerckhoffs’ Principles from « La cryptographie militaire ».” The Information Hiding Homepage. Accessed July 2, 2019. http://petitcolas.net/kerckhoffs/index.html.

㊁ Jacobs, Jay. “Updating Shannon’s Maxim.” Behavioral Security (blog), May 28, 2010. https://beechplane.wordpress.com/2010/05/28/updating-shannons-maxim/.

5.2 现代密码工具

虽然像恩尼格玛密码机这样的高效机电密码系统在一段时间内实现了高度安全的通信方式，但计算机日益复杂的程度很快就使这些系统过时了。其中一个原因是，这些系统并不完全符合柯克霍夫的第二条原则，仍然在很大程度上依赖于通过隐蔽来保护它们处理的数据的安全性。

计算机使用的现代密码算法是真正公开的，这意味着你可以理解加密过程，但仍然无法破译密码。这些算法依赖于困难的数学问题，有时称为单向问题。单向问题很容易在一个方向上执行，但在另一个方向上很难执行。大数的因式分解是单向问题的一个例子；创建一个返回多个整数乘积的算法很容易，但是要创建一个与此运算相反的算法则困难得多——找出给定整数的因数——特别是在这个数字非常大的情况下。这些问题构成了许多现代密码系统的基础。

5.2.1 关键字密码和一次性密码本

关键字密码和一次性密码本（one-time pad）这两种技术，帮助弥合了旧密码方法和现代密码方法之间的差距。虽然这些技术比现在使用的算法更简单，但它们越来越符合柯克霍夫第二原则所设定的标准。

1. 关键字密码

关键字密码是替代密码，就像本章前面讨论的凯撒密码一样，但与凯撒密码不同的是，它们使用密钥来决定用什么来代替消息中的每个字母。你可以移动每个字母以匹配关键字中的相应字母，而不是将所有字母在字母表中移动相同数量的空格。例如，如果你使用关键字 MYSECRET，你将得到如图 5-5 所示的替换。

明文

A	B	C	D	E	F	G	H	I	J	K	L	M	N	O	P	Q	R	S	T	U	V	W	X	Y	Z
M	Y	S	E	C	R	T	A	B	D	F	G	H	I	J	K	L	N	O	P	Q	U	V	W	X	Z

替代

图 5-5　使用关键字密码进行加密

字母 A 变成字母 M，它是密钥中的第一个字母；字母 B 变成字母 Y，它是密钥中的第二个字母。你可以像这样继续操作，删除密钥中所有重复的字母。请注意

SECRET 中的第二个 E 丢失了。一旦关键字结束，你将按字母表顺序分配其余字符，移除密钥中使用的任何字母。如果从明文 THE QUICK BROWN FOX 开始，你会得到密文 PAC LQBSF YNJVI RJW。

这样的密码有弱点。与我们讨论过的所有其他历史密码一样，它们很容易受到频率分析的影响，这意味着你可以根据使用字符的频率、这些字符在单词中出现的位置以及它们的重复时间来猜测消息内容。例如，字母 E 是英语字母表中最常用的字符，因此你可以假设替代中使用频率最高的字母也可能是 E，然后从 E 开始解密消息。

为了修复这个缺陷，密码学家发明了一次性密码本。

2. 一次性密码本

一次性密码本[1]也被称为 Vernam（弗纳姆）密码，如果使用得当，这是一种牢不可破的密码。要使用它，你需要制作同一张纸的两个副本，其中包含一组完全随机的数字，也就是所谓的移位，然后给每一方一份。这些密码本是关键。要加密消息，你可以使用移位将消息的每个字母向前移动，就像关键字密码一样。

如果密码本上的第一个数字是 4，你会把消息的第一个字母移位 4 个点，如果第二个数字是 6，你会把消息的第二个字母移位 6 个点。图 5-6 显示了一个这样的例子。

一次性密码本

4	5	13	1	13
2	14	19	6	23
8	2	26	5	2
16	24	1	25	3
6	14	6	10	20

明文	A	T	T	A	C	K	A	T	D	A	W	N
移位	4	5	13	1	13	2	14	19	6	23	8	2
替换	E	Y	G	B	P	M	O	M	J	X	E	P

图 5-6　使用一次性密码本进行加密

在本例中，你将以 EYGBPMOMJXEP 的形式发送消息 ATTACKATDAWN。接收方将参考其一次性密码本，然后执行反向的相对移位以解密该消息。

密文可以生成无数的潜在明文消息。在凯撒密码的例子中，你将整个消息的字符移位相同的数量，只有 26 种可能的组合。暴力破解，或测试每个可能的密钥来获取原始邮件，只需要很短的时间，当破解成功时，你很可能会毫不费力地识别出正确的邮件。但由于一次性密码本对每个字母使用不同的移位，因此消息可以包含适合消息

[1] 也称作一次一密。——译者注

长度的字母或单词的任意组合。在前面的示例中，你可以同样轻松地解密不正确的消息 ATTACKATNOON 或 NODONTATTACK。

一次性密码本是流密码的原始版本，我们很快就会讨论到这一点。你可以将其用于更复杂的密码本和数学运算，而现代加密和密钥交换方法也使用了其中一些相同的概念。

5.2.2 对称和非对称密码学

今天，我们可以将大多数密码算法分成两类：对称密码算法和非对称密码算法。在本节中，我将讨论每种类型以及每种类型的几个具体示例。

1. 对称密码学

对称密码学也称为私钥密码学，对称密钥密码学使用单个密钥来加密明文和解密密文。从技术上讲，我们到目前为止在本章中介绍的密码使用对称密钥，例如，要解码凯撒密码，你需要对消息应用与加密消息相同的密钥。这意味着你必须在发送方和接收方之间共享密钥。这个过程称为密钥交换，构成了密码学的一个完整的子主题。我将在本章后面更详细地讨论密钥交换。

你必须在系统的所有用户之间共享一个密钥，这一事实是对称密钥加密的主要弱点之一。如果攻击者获得了密钥，他们就可以解密消息，或者更糟糕——解密消息、更改消息，然后再次加密消息并将其传递给接收方，而不是发送原始消息（这是一种称为中间人攻击的策略）。

2. 分组密码与流密码

数字时代的对称密钥密码学使用两种密码：分组密码和流密码。分组密码采用预先确定的位数（或二进制位，可以是 1 或 0），称为分组，并对分组进行加密。分组通常有 64 位，但它们可以更大或更小，具体取决于使用的算法和算法可以运行的各种模式。流密码一次加密明文消息中的一位。通过将分组大小设置为 1 位，可以将分组密码用作流密码。

目前使用的大多数加密算法都是分组密码。虽然分组密码通常比流密码慢，但它们往往更通用。由于分组密码一次对较大的消息块进行操作，因此它们通常更耗费资源，实现起来也更复杂。它们也更容易受到加密过程中错误的影响。例如，分组密码加密中的错误会导致大段数据不可用，而在流密码中，错误只会损坏单个比特。通常可以使用特定的块模式来检测和弥补此类错误。分组模式定义了密码使用的特定过程和操作。在下一节中，当我讨论使用它们的算法时，你将了解更多关于这些模式的信息。

通常，分组密码更适用于大小固定或预先知道的消息，如文件，或在协议报头中报告大小的消息。在加密未知大小的数据或连续流中的数据时，例如在网络上传输的信息，其中发送和接收的数据种类是可变的，通常最好使用流密码。

3. 对称密钥算法

一些最著名的密码算法是对称密钥算法。美国政府已经使用了其中的几种作为保护高度敏感数据的标准算法，如 DES、3DES 和 AES。我将在本节中讨论这三个示例。

DES 是一种使用 56 位密钥的分组密码（这意味着其加密算法使用的密钥是 56 位长）。正如你在讨论关键字密码时所看到的，密钥的长度决定了算法的强度，因为密钥越长，可能的密钥就越多。例如，8 位密钥的密钥空间（可能的密钥范围）为 28。DES 的密钥空间为 2^{56}——这是攻击者必须测试的 72 057 594 037 927 936 个可能的密钥。

DES 于 1976 年在美国首次使用，此后在全球推广。人们一直认为它非常安全，直到 1999 年，一个分布式计算项目试图通过测试整个秘钥空间中每个可能的密钥来破解 DES 密钥。他们在 22 个小时多一点的时间内就成功了。结果发现密钥空间不足够大；为了弥补这一点，密码学家开始使用 3DES（发音为“三重 DES”），即用三种不同的密钥对每个分组加密三次的 DES。

最终，美国政府用 AES——一组对称分组密码——取代了 DES。AES 使用三种不同的密码：一种使用 128 位密钥，一种使用 192 位密钥，另一种使用 256 位密钥，所有密码都加密 128 位的分组。简而言之，AES 和 3DES 之间有一些关键区别。

- 3DES 是三轮 DES，而 AES 使用的是 2000 年开发的更新的、完全不同的算法。
- AES 使用比 3DES 更长、更强的密钥，以及更长的数据分组长度，这使得 AES 更难被攻击。
- 3DES 比 AES 慢。

黑客试图对 AES 进行各种攻击，其中大多数攻击都是针对使用 128 位密钥的加密。其中大多数要么失败了，要么只取得了部分成功。在撰写本书时，美国政府仍然认为 AES 是安全的。

其他著名的对称分组密码包括 Twofish、Serpent、Blowfish、CAST5、RC6 和 IDEA。流行的流密码包括 RC4、ORYX 和 SEAL。

4. 非对称密码学

Martin Hellman 和 Whitfield Diffie 在 1976 年的论文《密码学的新方向》中首次描述了非对称密码学[⊖]。虽然对称密钥密码学只使用一个密钥，但非对称密码学（也称为公钥密码学）使用两个密钥：一个公钥和一个私钥。你使用公钥加密数据，任何人都可以访问公钥。你可以看到它们包含在电子邮件签名中或发布在专门托管公钥的服务器上。用于解密消息的私钥由接收方悉心保护。密码学家使用复杂的数学运算来创建私钥和公钥。正如我在本章前面讨论的那样，这些操作通常涉及分解非常大的素数，这些操作非常困难，目前还不存在通过使用公钥来发现私钥的方法。

非对称密钥密码体制相对于对称密钥密码体制的主要优势在于你不再需要分发密钥。在对称密钥密码学中，正如所讨论的那样，消息发送者需要找到一种方法来与他们想要与之通信的任何人共享密钥。他们可以通过当面交换密钥、在电子邮件中发送密钥或在电话上口头重复来做到这一点，但这种方法必须足够安全，以确保密钥不会被截获。但使用非对称密钥密码学，你不必共享密钥。你只需使你的公钥可用，任何需要向你发送加密消息的人都可以使用它，而不会损害系统的安全性。

5. 非对称密钥算法

RSA 算法以其创建者 Ron Rivest、Adi Shamir 和 Leonard Adleman 的首字母命名，是一种在世界各地使用的非对称算法，包括在安全套接字层（Secure Sockets Layer，SSL）协议中。（协议是定义设备之间通信的规则。SSL 保护许多常见事务的安全，例如 Web 和电子邮件流量。）RSA 创建于 1977 年，至今仍是世界上使用最广泛的算法之一。

椭圆曲线密码学（Elliptic Curve Cryptography，ECC）是一类密码算法，尽管人们有时将其称为单一算法。椭圆曲线密码算法以其加密函数所基于的数学问题类型命名，与其他类型的算法相比有几个优点。

ECC 可以使用短密钥，同时保持比许多其他类型的算法更高的加密强度。这也

⊖ Diffie, Whitfield, and Martin E. Hellman. " New Directions in Cryptography. " IEEE Transactions on Information Theory IT-22, no. 6 (1976): 644–54. https://ee.stanford.edu/~hellman/publications/24.pdf.

是一种快速高效的算法，可以让我们轻松地在处理能力和内存较小的硬件（如手机或便携设备）上实现它。各种加密算法，包括 Secure Hash Algorithm 2（SHA-2）和椭圆曲线数字签名算法（Elliptic Curve Digital Signature Algorithm，ECDSA），都使用 ECC。

其他非对称算法包括 ElGamal、Diffie-Hellman 和数字签名标准（Digital Signature Standard，DSS）。许多协议和应用都基于非对称加密，包括用于保护消息和文件的 PGP（Pretty Good Privacy）、用于普通互联网流量的 SSL 和传输层安全（Transport Layer Security，TLS），以及用于语音通话的一些 IP 语音（Voice over IP，VoIP）协议。

6. PGP

PGP 由菲尔・齐默尔曼（Phil Zimmerman）创建，是首批进入公众和媒体视线的强大加密工具之一。PGP 创建于 20 世纪 90 年代初，最初的版本基于对称算法，你可以使用它来保护通信和文件等数据。PGP 的最初版本是免费软件，包括源代码。在其发布时，PGP 受到美国国际武器贩运条例（International Traffc in Arms Regulations，ITAR）法律的管制。齐默尔曼在被怀疑向国外出口 PGP 时，花了几年时间接受犯罪活动的调查，这在当时是非法的，被认为是武器贩运。

5.2.3　散列函数

散列函数代表第三种现代密码学，我们称之为无密钥密码学。不是使用密钥，而通过散列函数或消息摘要，将明文转换为基本上唯一且固定长度的值，通常称为散列。你可以将这些散列值视为指纹，因为它们是消息的唯一标识符。此外，相似消息的散列看起来完全不同。图 5-7 显示了一些散列。

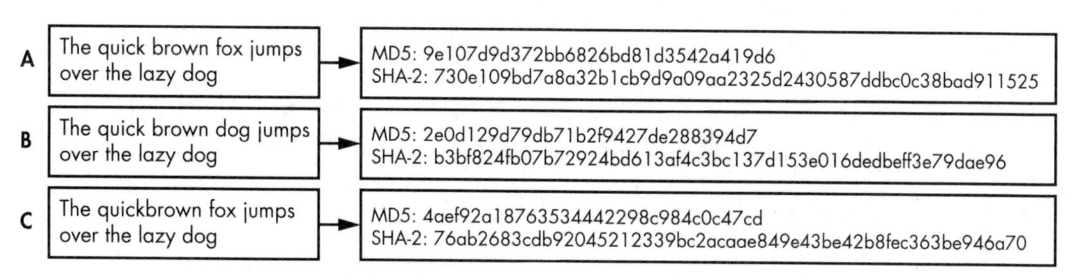

图 5-7　散列函数为每条消息生成唯一值，无论这些消息有多相似

请注意，我们在 B 中散列的消息与消息 A 只有一个单词不同，但它会产生完全

不同的散列。消息 C 也是如此，它只从原始消息中删除一个空格，但仍会生成唯一的散列。你不能使用散列来发现原始邮件的内容或其任何其他特征，但可以使用它来确定邮件是否已更改。这意味着如果正在分发文件或发送通信，你可以将散列与消息一起发送，以便接收方可以验证其完整性。为此，接收方只需使用相同的算法再次散列消息，然后比较两个散列。如果散列匹配，则消息没有更改。如果它们不匹配，则消息已被更改。

尽管理论上可以为两组不同的数据设计一个匹配的散列（称为冲突），但这是困难的，通常只有在使用破解的散列算法时才会发生。一些算法，如 Message-Digest 5（消息摘要算法 5，MD5）和 Secure Hash Algorithm 1（安全散列算法 1，SHA-1），虽然不常见，但已受到这种方式的攻击（见图 5-8）。2004 年 8 月 17 日的美国加州圣巴巴拉，在国际密码学会议上，山东大学教授王小云做了关于破译 MD5、MD4 和 RIPEMD 等算法的报告。MD5 的设计者和著名的公钥密码系统 RSA 的第一设计者 Ronald Rivest 在邮件中写道："这些结果无疑给人非常深刻的印象，她应当得到我最热烈的祝贺，当然，我并不希望看到 MD5 就这样倒下，但人必须尊崇真理"；2005 年 2 月，在美国召开的国家信息安全研讨会上，5 名著名密码学家公布了散列函数发展史上的重要研究进展——来自中国的王小云等 3 位女研究者对 SHA-1 算法进行了破解。2006 年，NIST 颁布了美国联邦机构 2010 年之前必须停止使用 SHA-1 的新政策，并于次年向全球密码学者征集新的国际标准密码算法。

图 5-8　在散列冲突中，两条不同的消息会产生相同的散列

当冲突发生时，通常会停止使用受损算法。那些需要严格散列安全的用户大多已经停止使用 MD5，取而代之的是 SHA-2 和 SHA-3。

其他散列算法包括 MD2、MD4 和 RACE。

5.2.4 数字签名

使用非对称算法及其相关公钥和私钥的另一种方式是创建*数字签名*。数字签名允许你在消息上签名，这样别人就可以在你发送消息后检测到消息的任何更改，确保消息是由预期的一方合法发送的，并防止发件人否认其发送了邮件（第4章介绍了一种称为不可否认性的原则）。

要对消息进行数字签名，发送者生成消息的散列，然后使用其私钥对散列进行加密。然后，发送者将此数字签名与消息一起发送，通常是通过将其附加到消息本身。

当消息到达接收端时，接收方使用与发送方私钥相对应的公钥来解密数字签名，从而恢复消息的原始散列。然后，接收方可以通过再次散列消息并比较两个散列来验证消息的完整性。仅验证消息的完整性听起来可能需要进行大量的工作，但软件应用程序通常会为你做这件事，因此该过程通常对用户是透明的。

5.2.5 证书

除了散列和数字签名之外，你还可以使用数字证书对消息进行签名。数字证书，如图5-9所示，通过验证公钥是否属于正确的所有者，将公钥链接到个人，并且它们通常被用作此人的一种电子身份识别形式。

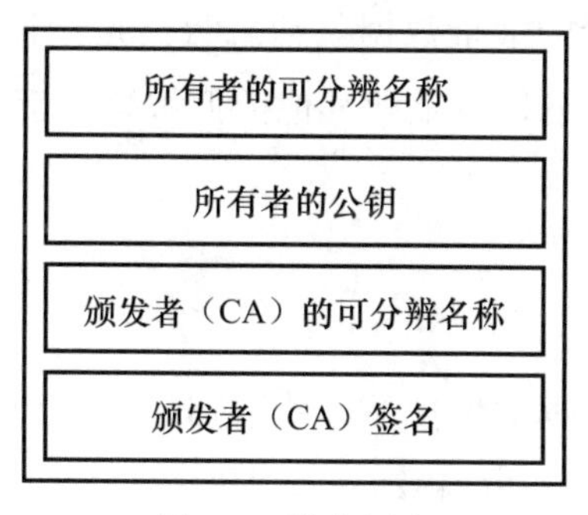

图5-9 数字证书

你通常通过采用公钥和标识信息，如名称和地址，并由处理数字证书的可信实体（称为证书颁发机构）对其签名来创建证书。证书颁发机构是颁发证书的实体。它充当涉及证书事务双方的受信任第三方，首先签发证书，然后验证证书是否仍然有效。一个著名的证书颁发机构是VeriSign。一些大型组织，如美国国防部，可能会选择实现自己的证书颁发机构，以降低成本。

证书允许你验证公钥是否真正与个体关联。在前面讨论的数字签名的情况下，有人可能伪造了用于签发消息的密钥，也许这些密钥实际上并不属于原始发送者。如果发送者拥有数字证书，你可以很容易地向证书颁发机构进行核查，以确保发送者的公钥是合法的。

证书颁发机构只是你可以用来大规模处理证书的基础设施的一小部分。这个基础设施称为*公钥基础设施*（Public Key Infrastructure，PKI）。PKI 通常有两个主要组件：颁发和验证证书的证书机构，以及验证与证书相关个人身份的注册机构，尽管有些组织可能会将一些功能划分为更多功能。

如果证书到期、遭到破坏或基于某些其他原因不应该使用，PKI 也可能会吊销证书。在这种情况下，证书可能会被添加到证书吊销列表中，证书吊销列表通常是在一段时间内保存组织所有吊销证书的公用列表。

5.3 保护静态、动态和使用中的数据

你可以将密码学的实际应用分为三大类：保护静态数据、保护动态数据和保护使用中的数据。静态数据包括备份磁带、闪存驱动器和便携式设备（如笔记本电脑中的硬盘驱动器等设备）上存储的大量数据。动态数据是指通过互联网发送的海量信息，包括金融交易、医疗信息、纳税申报和其他类似敏感的交换。正在使用的数据是指正在被主动访问的数据。

5.3.1 保护静态数据

人们经常忽视对静态数据的保护，这些数据位于某种类型的存储设备上，不会通过网络、协议或其他通信平台进行移动。

有些不合逻辑的是，从技术上讲，静态数据也可以是动态的。例如，你可以运送一大堆包含敏感数据的备份磁带，在口袋里携带一个包含纳税表格副本的闪存驱动器，或者将一台包含客户数据库内容的笔记本电脑留在汽车的后座上。

攻击者经常利用这一事实。例如，2017 年，有人在伦敦 Heathrow 机场外的街道上发现了一个 U 盘，发现其中包含有关伊丽莎白二世女王以及其他高级官员和政要通过机场时保护他们的路线和安全措施的信息。[㊀]

㊀ Warburton, Dan. " Terror Threat as Heathrow Airport Security Files Found Dumped in the Street. " The Mirror, October 29, 2017. https://www.mirror.co.uk/news/uk-news/terror-threat-heathrow-airport-security-11428132.

如果采取了必要的措施对闪存的静态数据进行加密，安全事件就不会发生（当局也不需要公开披露事件的发生，从而避免了相当多的尴尬）。

1. 数据安全

我们主要使用加密来保护静态数据，特别是在我们知道包含数据的设备可能被物理窃取的情况下。

大量的商业产品为便携式设备提供加密。这些攻击通常针对硬盘和便携式存储设备，包括英特尔（Intel）和赛门铁克（Symantec）等大公司的产品，仅举几例。这些商业产品通常加密整个硬盘（称为全磁盘加密的过程）和各种可移动介质，并向集中管理服务器或其他安全和管理功能报告。市场上还有几种免费或开源的加密产品，如VeraCrypt[一]、BitLocker[二]（随某些版本的Windows提供）和dm-crypt[三]（特定于Linux）。

2. 物理安全

物理安全（我将在第9章详细讨论）是保护静态数据的重要部分。如果你使攻击者更难物理访问或窃取包含敏感数据的存储介质，那么你已经解决了很大一部分问题。

在许多情况下，大型企业拥有数据库、文件服务器和工作站，其中包含客户信息、销售预测、业务战略文档、网络示意图和其他类型的数据，企业不想这些数据被公开或落入竞争对手手中。如果存放数据的大楼的物理安全薄弱，攻击者就可以轻易地进入大楼，窃取设备，然后带着数据直接走出去。

你还需要了解无法进行物理保护的区域，并限制数据离开受保护的空间。例如，在办公楼中，你可以对包含服务器的数据中心应用额外的物理安全层。一旦敏感数据离开这些区域，你保护它的能力就会变得更加有限。在我之前讨论的Heathrow机场闪存盘的案例中，官员们可能会阻止这些敏感数据被复制到外部驱动器，以防止其流出大门，在街上丢失。

㊀ VeraCrypt homepage. Accessed July 2, 2019. https://www.veracrypt.fr/.

㊁ “Bitlocker.” Microsoft Docs, January 25, 2018. https://docs.microsoft.com/en-us/windows/security/information-protection/bitlocker/bitlocker-overview/.

㊂ Broz, Milan, ed. “DMCrypt.” Updated June 2019. https://gitlab.com/cryptsetup/cryptsetup/wikis/DMCrypt/.

5.3.2 保护动态数据

通常，数据通过网络传输，无论是封闭式广域网（Wide Area Network，WAN）还是局域网（Local Area Network，LAN）、无线网络或互联网。要保护网络上暴露的数据，你通常会选择加密数据本身或加密整个连接。

1. 保护数据本身

可以采取多种方法来加密通过网络发送的数据，具体取决于你要发送的数据的类型和发送它所使用的协议。

你通常会使用 SSL 和 TLS 来加密通过网络通信的两个系统之间的连接。SSL 是 TLS 的前身，尽管这两个术语经常互换使用，而且它们几乎相同。SSL 和 TLS 与其他协议协同工作，例如用于电子邮件的 Internet 消息访问协议（Internet Message Access Protocol，IMAP）和邮局协议（Post Office Protocol，POP），用于 Web 流量的超文本传输协议（Hypertext Transfer Protocol，HTTP），以及用于语音对话和即时消息的 VoIP。

然而，SSL 和 TLS 保护通常只适用于单一的应用程序或协议，因此，尽管可能使用它们来加密你与存储电子邮件的服务器之间的通信，但这并不一定意味着通过你的 Web 浏览器建立的连接具有相同的安全等级。许多常见的应用程序都能够支持 SSL 和 TLS，但你一般需要对它们进行独立配置。

2. 保护连接

保护动态数据的另一种方法是使用虚拟专用网（Virtual Private Network，VPN）连接加密所有网络流量。VPN 连接使用各种协议在两个系统之间创建安全连接。当你从潜在的不安全网络访问数据时，如酒店的无线连接，可以使用 VPN。

目前用于保护 VPN 的两个最常见的协议是 Internet 协议安全（Internet Protocol Security，IPsec）和 SSL。从用户的角度来看，你可以将这两种类型的 VPN 连接配置为具有几乎相同的一组特性和功能，但它们需要的硬件和软件设置略有不同。

通常，IPsec VPN 需要在后端进行更复杂的硬件配置，以及你必须安装的软件客户端，而 SSL VPN 通常通过从网页下载的轻量级插件运行，在后端需要不太复杂的硬件配置。从安全的角度来看，这两种方法具有相对相似的加密等级。然而，SSL VPN 客户端的一个弱点是，你可以将其下载到公共计算机或其他随机的不安全设备上，但这会为数据泄露或攻击提供途径。

5.3.3 保护使用中的数据

最后一类要保护的数据是当前正在使用的数据。虽然当数据在网络中存储或移动时，我们可以使用加密来保护数据，但当合法实体可以访问数据时，我们保护数据的能力在某种程度上是有限的。授权用户可以打印文件、将文件移动到其他机器或存储设备、通过电子邮件发送文件、在点对点文件共享网络上共享文件，通常还可以嘲弄我们细致的安全措施。

2013 年 6 月，公众发现一位名为爱德华・斯诺登（Edward Snowden）的政府承包商故意泄露包含美国国家安全局棱镜（PRISM）项目细节的机密信息，该项目表面上是为了收集和审查与恐怖主义有关的通信[⊖]。虽然这起事件发生在撰写本书时的五年多以前，但美国情报界仍在清理这一事件的影响，并努力防止再次发生此类事件。

5.4 小结

在有记载的历史的大部分时间里，密码学都以这样或那样的形式存在。早期的密码实践在复杂性上各不相同，从罗马时代的简单替代密码到现代计算系统发明之前使用的复杂的机电机器。虽然这些原始的密码方法无法抵御现代密码攻击，但它们构成了我们现代算法的基础。

今天，你可以使用计算机创建复杂的算法来加密你的数据，从而实施密码学。密码算法主要有三种：对称密钥密码学、非对称密钥密码学和散列函数。在对称密钥密码学中，使用相同的密钥加密和解密数据，操作明文或密文的所有各方都可以访问该密钥。在非对称加密中，你可以同时使用公钥和私钥。发送方使用接收方的公钥加密消息，接收方使用私钥解密消息。这解决了必须找到在接收方和发送方之间共享单个私钥的安全方式的问题。散列函数根本不使用密钥；它们（理论上）创建消息的唯一指纹，因此我们可以判断消息是否已从原始形式更改。

数字签名是散列函数的扩展，它不仅允许你创建散列以确保消息未被更改，而且

⊖ Greenwald, Glenn, Ewen MacAskill, and Laura Poitras. " Edward Snowden: The Whistleblower behind the NSA Surveillance Revelations. " The Guardian, June 11, 2013. http://www.theguardian.com/world/2013/jun/09/edward-snowden-nsa-whistleblower-surveillance/.

允许你使用非对称算法的公钥对散列进行加密，以确保消息是由预期的一方发送的，并确保不可否认性。

证书允许你将公钥链接到身份，这样你就可以确保加密消息真正代表来自特定个人的通信。接收方可以与证书的发行方——证书颁发机构——进行核对，以确定所提交的证书是否事实上合法。在证书后面，你可以找到一个 PKI，它负责颁发、验证和撤销证书。

一般而言，密码学提供了一种机制来保护静态数据、移动数据，并且在一定程度上保护正在使用的数据。它提供了许多基本安全机制的核心，使你能够在涉及的数据比较敏感时进行通信和执行事务。

5.5　习题

1. 凯撒密码是哪种密码？
2. 分组密码和流密码有什么区别？
3. ECC 被归为哪种类型的加密算法？
4. 科尔霍夫第二原则的关键点是什么？
5. 什么是替代密码？
6. 对称密钥加密和非对称密钥加密之间的主要区别是什么？
7. 解释 3DES 与 DES 的不同之处。
8. 公钥密码学是如何工作的？
9. 尝试使用本章中的信息解密此消息：V qb abg srne pbzchgref. V srne gur ynpx bs gurz. —Vfnnp Nfvzbi.
10. 在讨论数据的加密安全性时，物理安全如何重要？

第6章

合规、法律和法规

在信息安全中，外部规则和法规通常会对收集信息、开展调查和监视网络等活动的能力进行限制。为确保遵守规则，可以设置相关要求，包括保护组织、设计新系统和应用程序、决定数据保留时间、加密或标记敏感数据等。

本章将介绍一些可能影响组织的规则，并讨论如何确保遵守这些规则。

6.1 什么是合规

简单地说，合规就是指遵照规则和法规行事，这些规则和法规约束着你所处理的信息和所在行业。

十年前，大多数信息安全工作只遵循几项原则和通用指令，以将攻击者拒之门外。同时，旨在保护数据和消费者的法规定义松散，管理各方的执行也不那么严格。

如今，法律法规更加严格，部分原因是大规模入侵事件的出现，比如，2018年8月，英国航空公司（British Airways）38万张支付卡遭入侵事件[1]，使合规问题受到更严格的审查。现代法规不断更新和发展，为需要遵守规则的公司创造了一个不断变化的目标。

通常，合规主要依据遵循的标准来衡量。在几个行业中，甚至可能必须遵守不止

[1] British Airways. "Customer Data Theft." Accessed July 2, 2019. https://www.britishairways.com/en-gb/information/incident/data-theft/latest-information/.

一套规则。虽然很少会遇到相互矛盾的标准，但可能会发现它们在细节上不一致。例如，一组合规规则可能为服务器备份指定一年保留期，而另一组规则可能指定六个月保留期。在面对这些情况时，为了简单起见，可能会采用最严格的规则。

请记住，合规与安全性不是一回事。即使花了成百上千个小时来遵守一套特定的规则，并且通过了审计，也不能保证不受攻击。执行合规是为了满足特定第三方，即客户或业务合作伙伴、审计师和负责确保合规的机构的需求。合规满足了业务需求，而不是任何技术安全需求。此外，只要第三方对工作感到满意，就是“合规的”，而不管实际上满足了多少需求。当检查员到来时，一个组织通常会表现出“最好的一面”。

6.1.1　合规类型

合规主要有两种类型：法规合规和行业合规。

*法规合规*是指遵守所在行业的特定法律。在几乎所有情况下，法规合规都涉及周期性审核和评估，以确保按照规范执行所有操作。准备这些审核可能是合规计划的重要组成部分，因为它们既可以教育参与者，又可以提供发现和解决问题的机会。

*行业合规*是指遵守法律未强制规定但仍会对开展业务的能力产生严重影响的规定。例如，接受信用卡的组织通常必须遵守支付卡行业数据安全标准（Payment Card Industry Data Security Standard，PCI DSS），这是信用卡发行机构（包括 Visa、美国运通和万事达卡）为处理信用卡交易而创建的一组规则。该标准定义了安全计划的要求、保护数据的特定标准以及必要的安全控制措施。信用卡发卡机构每隔几年就会更新标准，以应对当前的状况和威胁。

虽然这些信用卡发行商不能从法律上强制用户遵守他们的标准，但他们的指令肯定是有效的。商户在处理使用 PCI 会员的卡进行的信用卡业务时，必须提交对其安全活动的年度评估。对于业务数量较少的组织，简单地完成由简短问卷组成的自我评估即可。然而，随着业务数量的增加，要求也变得越来越严格，最终需要经过特别认证的外部评估人员进行访问、强制执行渗透测试、要求进行内部和外部漏洞扫描以及大量其他措施。

6.1.2　不合规的后果

不合规可能会引发各种后果，这取决于所涉及的一系列法规。

在行业合规案例中，可能会失去与合规相关的权限。例如，如果未能遵守有关处理信用卡业务和保护相关数据的PCI DSS法规，可能会面临巨额罚款或失去商户身份，并且无法处理进一步的业务。对于严重依赖信用卡业务的企业（如零售店）而言，失去处理信用卡的能力可能会使其破产。

在法规合规的案例中，可能会面临更严厉的处罚，包括因违反相关法律而入狱。

6.2 用控制实现合规

为了符合标准和法规要求，通常需要实施物理、管理和技术控制。

6.2.1 控制类型

*物理控制*可以降低物理安全风险。例如，栅栏、警卫、摄像头、上锁的门等。这些控制措施通常从物理上防止或阻止未经授权的人员进入或通过特定区域。

*管理控制*通过实施某些流程和程序来降低风险。每当接受、避免或转移风险时，很可能就是在使用管理控制，因为正在实施流程、程序和标准，以防止组织因承担太多风险而损害自身。还必须记录管理控制，方法是保存已经实施的策略、程序和标准的记录，并提供组织已经遵循这些策略、程序和标准的证据。

例如，几乎每个标准或法规都要求制定*信息安全策略*，即定义组织信息安全的文件。为了符合这一要求，必须制定一项策略，并且能够通过常规文件证明遵守了该策略。审计发现文件不足以证明正在使用的策略，这不是件好事情。适当的文件可以包括电子邮件、票务系统中的票据和调查中的文件。

*技术控制*使用技术措施管理风险。可以通过设置防火墙、入侵检测系统、访问控制列表和其他技术措施来降低风险，以防止攻击者进入系统。

这些控制措施本身都是不够的，但每一项都有助于提供良好的安全性和满足要求所需的分层防御。通常，法规本身规定了某些控制措施。例如，PCI DSS的要求中就包括组织为符合标准而必须实施的各种特定控制。此外，请记住，控制措施的好坏取决于如何使用它们。如果错误地使用了一个控制措施，就已经创建了一种虚假的安全感，情况可能会比不使用它更糟糕。

6.2.2 关键控制与补偿控制

除了区分控制措施类型之外，还可以将控制措施划分为两个重要等级。关键控制措施是用于管理风险的主要控制措施，具有以下特征：

- 它们提供了合理的保证，即风险将会缓解。
- 如果控制失败，另一个控制不太可能取代它。
- 这种控制的失败将影响整个过程。

关键控制措施将因环境和当前风险的不同而有所不同，并且应始终将测试关键控制措施作为合规或审核工作的一部分。在处理支付卡信息的所有系统上使用杀毒软件，就是关键控制的一个例子。

补偿控制是取代不实际或不可行的关键控制的控制。当将补偿控制放入适当位置时，可能必须向审计人员解释它将如何实现替换的意图和目的。

例如，尽管法规可能要求在所有系统上运行杀毒软件，但某些系统可能没有足够的资源来运行这些程序，可能会产生负面影响。在这种情况下，作为补偿控制，可以使用 Linux 操作系统，它不易受到恶意软件的攻击。

6.3 保持合规

为了在一段时间内保持合规，可以循环进行图 6-1 所示的系列活动：监视、审查、记录和报告。

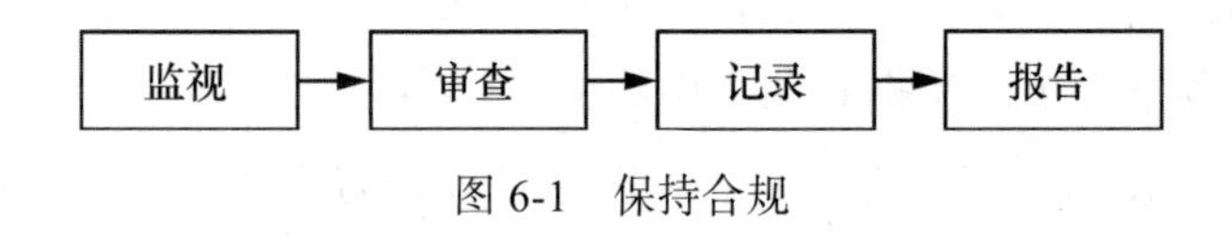

图 6-1　保持合规

遵循此过程中的每个步骤可帮助你保持控制措施的安全。

1. 监视

必须持续监视控制措施（以及由其产生或与之相关的数据），以确定它们是否有效地缓解或降低风险。在信息安全领域，没有消息往往只是意味着没有好消息。由于环境和技术可能会发生变化，因此检查控制措施（尤其是关键控制措施）是否继续发挥其应有的作用非常重要。如果没有这样的监控，控制措施可能很快就会在不知情的情况下停止使用。

2. 审查

需要对控制措施进行定期审查，以确定它们是否仍然有效并满足特定环境中的风险管理目标。随着旧风险的发展和新风险的出现，需要确保控制措施仍然适当地涵盖这些风险，确定是否需要任何新的控制措施，或者决定是否应该淘汰旧的控制措施。

3. 记录

应记录审查结果，并仔细跟踪对控制措施环境的任何更改。记录可以评估趋势，甚至可以预测未来会更改控制措施，由此可以预测后续会用到的资源。

4. 报告

在监视、审查和记录控制措施的状态之后，必须向领导报告结果。这不仅能使他们了解控制措施的状态和为组织做出明智的决策，还提供了提出人员和资源需求的方法。

6.4 法律与信息安全

当涉及信息安全时，执行法律法规往往比发生物理事件时更棘手。当建筑物被破坏时，将攻击归因于某一方或评估攻击造成的损害等问题可能很简单，但当攻击出现在信息领域时，这些问题就变得困难了。

近年来制定的许多法律和法规都试图解决这类情况。其中一些留有空白，而另一些则明显重叠。在准备或接受合规评估时，将根据这些法律进行衡量。让我们来看看其中的几种情况。

6.4.1 政府相关监管合规

在美国，标准常常构成法律和法规的基础，而这些法律和法规则用于规范政府及其密切合作伙伴的行为。在信息安全和合规领域，这些标准通常来自美国国家标准与技术研究所（National Institute of Standards and Technology，NIST）创建的系列特殊出版物（Special Publications，SP）。虽然NIST本身并不是一个监管机构，但其他政府部门的合规性标准一般都基于NIST的特别出版物，从而使其成为事实上的合规性要求（是的，这有点复杂）。在确保组织遵守这些与政府相关的标准方面，安全专业人员通常发挥着重要作用。

什么是 NIST

NIST 创建于 20 世纪初，目的是作为国家实验室和制定度量衡标准。随着时间的推移，其使命已演变为促进美国的技术和创新。NIST 的特殊出版物对信息安全具有重大影响。

两个最常见的政府合规标准是联邦信息安全管理法案（Federal Information Security Management Act，FISMA）与联邦风险和授权管理计划（Federal Risk and Authorization Management Program，FedRAMP)，它们都基于 NIST SP 800-53《联邦信息系统与组织的安全和隐私控制》。

1. 联邦信息安全管理法案

2002 年颁布的《联邦信息安全管理法案》适用于所有美国联邦政府机构、所有管理联邦计划（如医疗保健计划）的州级机构，以及所有支持联邦政府、向联邦政府出售或接受联邦政府拨款的私营公司。

FISMA 要求组织使用基于风险的方法实施信息安全控制，这种方法通过列举和补偿特定风险来处理安全问题。

一个组织通过审计后，与其合作的联邦机构将授予该组织运行授权（Authority To Operate，ATO)。由于 ATO 是针对每个机构的，因此与十个不同机构合作的公司必须获得十个不同的 ATO。

2. 联邦风险和授权管理计划

联邦风险和授权管理计划成立于 2011 年，定义了政府机构与云提供商签订合同的规则[⊖]。这适用于云平台提供商，如 AWS 和 Azure，以及提供基于云的软件即服务（Software as a Service，SaaS）工具的公司。本章后面将讨论这一区别。

与 FISMA 不同，FedRAMP 认证由单一 ATO 组成，该 ATO 允许组织与任意数量的联邦机构开展业务。由于 FedRAMP ATO 的范围相当广泛，因此它的要求比 FISMA 的要求更加严格。截至本文撰写时，FedRAMP Marketplace 仅列出了 91 家

⊖ FedRAMP. “FedRAMP Accelerated: A Case Study for Change within Government.” Spring 2017, accessed July 2, 2019. https://www.fedramp.gov/assets/resources/documents/FedRAMP_Accelerated_A_Case_Study_For_Change_Within_Government.pdf.

拥有 ATO 的公司。[一]

6.4.2 特定行业法规合规

许多法规合规要求与特定的运营领域相关，如医疗保健行业、上市公司和金融机构。让我们看一下其中的一些要求。

1. 健康保险可携性和责任法案

1996 年颁布的《健康保险可携性和责任法案》（Health Insurance Portability and Accountability Act，HIPAA）保护美国医疗系统中患者的权利和数据。安全专业人员应特别注意 HIPAA 的第二章，其中规定了确保受保护健康信息（Protected Health Information，PHI）和受保护电子健康信息（Electronic Protected Health Information，E-PHI）安全的要求。（通常可以将其解释为包含患者医疗记录或医疗业务的任何部分。）虽然 HIPAA 主要适用于参与医疗保健或医疗保险的组织，但它也可能适用于其他奇怪的情况，比如适用于自我保险的雇主。

HIPAA 要求确保处理或存储的所有信息的机密性、完整性和可用性，保护这些信息不受威胁和未经授权的披露，并确保员工团队遵守其所有规则。这可能是一项艰巨的任务，尤其是在处理大量 PHI 的机构中。

2. 萨班斯 – 奥克斯利法案

2002 年颁布的《萨班斯 – 奥克斯利法案》（Sarbanes–Oxley Act，SOX）规范了上市公司的财务数据、运营和资产。政府颁布 SOX 是为了应对几家大公司的财务欺诈事件，其中最著名的是 2001 年的安然（Enron）丑闻，公众得知该公司伪造了多年的财务报告[二]。

在其他条款中，SOX 对组织的电子记录保存提出了具体要求，包括记录的完整性、特定种类信息的保留期限以及存储电子通信的方法。安全专业人员经常帮助设计和实施受 SOX 影响的系统，因此了解这些法规和在这些法规下的要求是值得的。

[一] FedRAMP. "FedRAMP PMO, The Federal Risk and Management Program Dashboard." Accessed July 2, 2019. https://marketplace.fedramp.gov/#/products?sort=productName&status=Compliant.

[二] Segal, Troy. "Enron Scandal: The Fall of a Wall Street Darling." Investopedia, updated May 29, 2019. https://www.investopedia.com/updates/enron-scandal-summary/.

3. 格拉姆 - 利奇 - 布莱利法案

1999 年颁布的《格拉姆 - 利奇 - 布莱利法案》(Gramm–Leach–Bliley Act，GLBA）旨在保护属于金融机构客户的信息 [如个人可认证信息（Personally Identifiable Information，PII)，即识别特定个人的任何数据] 和金融数据。有趣的是，GLBA 对金融机构的定义很宽泛，包括“银行、储蓄和贷款机构、信用合作社、保险公司和证券公司……一些收集和分享客户个人信息以向客户提供或安排信贷的零售商与汽车经销商”，以及使用金融数据向客户追债的企业[㊀]。

为了遵守 GLBA，必须保护每一条相关记录，防止未经授权的访问，跟踪人们对这些记录的访问，并在共享客户信息时通知客户。组织还必须制定有文档记录的信息安全计划，并特别制定总体信息安全计划来处理组织的安全问题。

4. 儿童互联网保护法

2000 年颁布的《儿童互联网保护法》(Children’s Internet Protection Act，CIPA）要求学校和图书馆防止儿童在互联网访问淫秽或有害内容。CIPA 要求这些机构制定政策和技术保护措施，以屏蔽或过滤此类内容。此外，这些机构必须监控未成年人的活动，并提供有关适当网络行为的教育。

CIPA 鼓励机构采用这些标准，不是通过对不遵守标准行为施加惩罚，而是通过为选择这些标准的合格机构提供价廉的互联网接入。

5. 儿童在线隐私保护法

1988 年颁布的《儿童在线隐私保护法》(Children’s Online Privacy Protection Act，COPPA）保护 13 岁以下未成年人的隐私，限制组织收集他们的个人隐私信息，要求这些组织在网上发布隐私政策，采取适当措施征得父母的同意，并通知父母正在收集信息。许多公司选择对属于未成年人的账户收取少量费用，作为验证父母同意的一种方式，而其他公司则完全拒绝向未成年人提供服务。

在信息安全领域，COPPA 有点像烫手山芋，因为它要求组织判断其用户的年龄，并且如果要收集此类数据（即使是意外)，则为儿童提供更严格的 PII 类别，这两者都很难在高级别担保的情况下执行。2016 年，移动广告公司 InMobi 因在不知情的情况

㊀ Federal Deposit Insurance Corporation. “ Privacy Act Issues under Gramm-Leach-Bliley.” Updated January 29, 2009. https://www.fdic.gov/consumers/consumer/alerts/glba.html.

下使用广告软件追踪13岁以下未成年人的位置，根据COPPA被罚款95万美元[㊀]。由此可见，即使组织真正地试图遵守法规，但这种合规可能是困难的。

6. 家庭教育权利和隐私法

1974年颁布的《家庭教育权利和隐私法》（Family Educational Rights and Privacy Act, FERPA）保护学生的记录。FERPA适用于所有级别的学生，当学生年满18岁时，这些记录的权利从家长转移到学生。

FERPA规定了机构必须如何处理学生记录以保护这些记录，以及人们如何查看或共享这些记录。由于学校现在主要以数字形式保存教育记录，安全专业人员参与事件和设计讨论，并在处理教育记录的机构工作时解决一般安全问题，这种情况并不少见。

6.4.3 美国以外的法律

管理计算和数据的外国法律可能与美国法律大不相同。如果组织在国际上开展业务，则需要研究计划开展业务的每个国家的相关法律。还应该检查规定这些国家之间安全做法和信息交流的所有条约。

提前知道可能会遇到哪些监管问题是有好处的。例如，在一个国家，可能能够收集包含机器列表和相关用户名的日志数据，这些数据与所有者的员工编号和电子邮件地址交叉引用。但在另一个国家，收集这些数据可能更困难，甚至可能是非法的。

欧盟于2018年颁布的《一般数据保护条例》（General Data Protection Regulation, GDPR），是一项与信息安全有关的国际法规。GDPR涵盖欧盟所有个人的数据保护和隐私。这项规定适用于任何收集欧盟公民数据的人，无论他在哪个国家工作。

GDPR要求组织在收集人们的数据之前获得同意，报告数据泄露情况，给予个人访问和删除收集数据的权利，并为隐私和隐私计划制定具体的指导方针。考虑到GDPR的广泛适用性，当这项法律生效时，世界各地的安全和隐私计划都必须适应，这促进了大量客户通信、网站上新的面向隐私的旗标以及许多组织策略的更新[㊁]。

㊀ InMobi. "InMobi—FTC Settlement, Frequently Asked Questions." Accessed July 2, 2019. https://www.inmobi.com/coppa-ftc/.

㊁ Davies, Jessica. "The Impact of GDPR, in 5 Charts." Digiday, August 24, 2018. https://digiday.com/media/impact-gdpr-5-charts/.

6.5 采用合规框架

除了特定法规提供的框架外，为总体合规工作选择一个框架也大有益处。例如，如果组织必须遵守独立的、不相关的法规（例如 HIPAA 和 PCIDSS），则可能希望选择一个更全面的框架来指导整个合规工作和安全计划，然后根据特定合规领域的需要对其进行调整。

本节将介绍一些可以使用的框架。选择一个众所周知的框架还可以简化审计过程，因为这可以让审计人员了解对计划的期望以及已经实施的具体控制。

6.5.1 国际标准化组织

国际标准化组织（International Organization for Standardization，ISO）成立于 1926 年，旨在制定国家间的标准。它制定了 2.1 万余项标准，“几乎涵盖了所有行业，从技术到食品安全，再到农业和医疗保健”。[⊖]

涵盖信息安全的 ISO 27000 系列包括以下标准：

- ISO/IEC 27000《信息安全管理系统——概述和词汇》。
- ISO/IEC 27001《信息技术—安全技术—信息安全管理系统—要求》。
- ISO/IEC 27002《信息安全控制实施守则》。

该 ISO 标准系列（在行业中也称为 ISO 27K）讨论了信息安全管理系统，旨在帮助管理组织内资产的安全性。这些文件列出了管理风险、控制措施、隐私、技术问题和一系列其他细节的最佳实践。

6.5.2 美国国家标准与技术研究所

美国国家标准与技术研究所（NIST）的一份特殊出版物为计算和技术相关议题提供了指南，包括风险管理。这一领域的两份常用参考出版物是 SP 800-37《将风险管理框架应用于联邦信息系统的指南》和 SP 800-53《联邦信息系统和组织的安全和隐私控制》。

SP 800-37 在以下六个步骤中列出了风险管理框架，这些步骤构成了许多安全计

⊖ International Organization for Standardization. “All about ISO.” Accessed July 2, 2019. https://www.iso.org/about-us.html.

划的基础：

分类。根据系统处理的信息以及暴露或丢失此类数据的影响对系统进行分类。

选择。根据系统的分类和任何情有可原的情况选择控制措施。

执行。执行控制措施并记录执行情况。

评估。评估控制措施，确保它们得到正确执行并发挥预期效果。

授权。根据系统面临的风险以及为缓解风险而实施的控制措施，授权或禁止使用系统。

监控。监控控制措施，以确保它们继续适当地降低风险。

如果打算选择基于 SP 800-37 的控制措施，则可以在 SP 800-53 中找到用于此目的的特定指南。

6.5.3　自定义框架

我们可以随时开发自己的框架或修改现有框架，但在这样做之前应该仔细考虑。正如刚才所看到的，已经存在大量的风险管理框架，所有这些框架都经过了大量的审查和测试。我们可以不必重复劳动。

6.6　技术变革中的合规

跟上技术变革的步伐可能会给强制执行合规的机构和试图实现合规的机构带来挑战。云计算就是一个很好的例子，本节将对此进行讨论。

将数据和应用程序托管在云中已经成为一种常见的技术趋势。在此之前，组织通常拥有自己的服务器和基础架构，并将它们托管在内部或位于同一地点的数据中心。这为谁拥有这些设备和谁为其安全负责做了相对黑白分明的切分。

现在，整个公司几乎完全存在于云中，合规工作已经试着做出转变，专门应对这些情况。新政策将管理如何跟踪和评估第三方安全和合规工作，新法规将确定如何管理云数据，审计人员会提出全新的问题，需要针对这些类型环境的证据。

虽然大多数技术变革是相对渐进的，允许安全和合规行业慢慢转变，以跟上它的步伐，但情况并不总是如此。两种相对较新且具有潜在颠覆性的技术有可能导致某些行业的合规要求发生进一步转变：区块链和加密货币。

6.6.1　云中的合规

对于部分或全部在云中运行的组织，合规可能会带来一系列其他挑战。这是因为云产品具有不同的模型，每种模型都提供了对环境不同等级的控制。这些模型是基础设施即服务（Infrastructure as a Service，IaaS）、平台即服务（Platform as a Service，PaaS）和软件即服务（Software as a Service，SaaS），如图 6-2 所示。

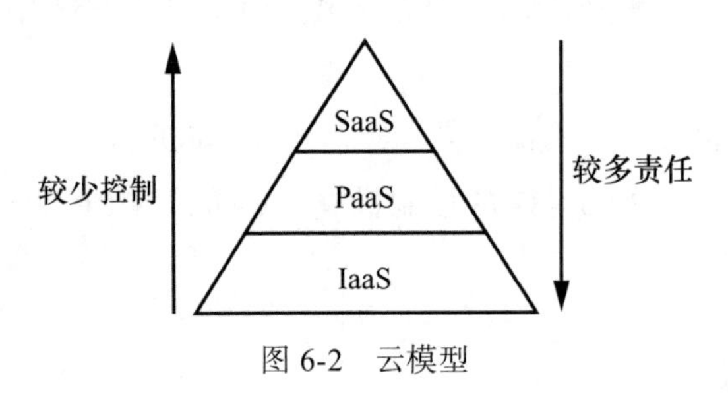

图 6-2　云模型

在较高的等级上，IaaS 提供对虚拟服务器和存储的访问。这方面的例子包括谷歌云和亚马逊网络服务。PaaS 提供预构建的服务器，如数据库或 Web 服务器（如 Azure），而 SaaS 提供对特定应用程序或应用程序套件的访问，如 Google Apps。

PaaS 提供了一定程度的控制，而 SaaS 提供的控制很少，甚至没有。相反，IaaS 要求承担更大程度的责任，PaaS 要求承担一定程度的责任，而 SaaS 要求只承担很少的责任。引用蜘蛛侠的一句话："能力越大，责任越大。"[这句话的出处有点复杂，但我认为斯坦·李在《神奇幻想 15》(*Amazing Fantasy#15*）中的说法相对安全。]

选择使用哪种类型的服务，需要在灵活性和可配置性需求与服务的易用性之间做好平衡。如果想发送一封简单的电子邮件并完成它，那么使用 Gmail（SaaS）这样的工具来完成是合乎逻辑的。在这种情况下，构建和配置虚拟服务器，在其上安装和配置邮件服务器软件（IaaS），然后发送电子邮件，这样做没有多大意义。

1. 谁承担风险？

在每个云模型中，云提供商必须对用户无法控制的环境部分负责。这意味着在某些情况下，将直接负责保护数据。在其他情况下，将负责确保正在使用的服务恰当地保护数据。

在 IaaS 环境中，云提供商在虚拟基础设施所在的网络和服务器方面存在风险。换句话说，它负责保护和维护主机（运行虚拟机的服务器）、客户存储卷所在的存储阵列以及主机使用的网络等组件。由于 IaaS 对环境及其配置方式进行大量的控制，因此需要承担更大的责任。

在 PaaS 环境中，云客户直接访问服务器，但不能访问运行这些服务器的基础架构。在这种情况下，云提供商承担该基础架构的安全责任，包括修补操作系统、配置服务器、备份服务器和维护存储卷等任务。

在 SaaS 环境中，客户可能根本无法对基础架构或服务器进行更改，这意味着云提供商要对它们完全负责。客户可能仍然对他们输入环境中的数据负责，但不对环境本身的安全负责。

2. 审计和评估权

与云提供商签订的合同通常会规定对云环境安全性进行审计和评估的权力。在许多情况下，该服务允许客户在某些特定范围内审计和评估环境。例如，它可能规定了如何以及何时可以要求提供商接受内部审计团队或第三方审计公司的审计。

这些限制是合理的，因为响应每个审计请求需要做大量工作。服务提供方也可以对审计请求做出回应，提供明确为回应此类请求而进行的年度外部审计的结果。

如果希望直接评估云提供商的安全性，或许可以通过渗透测试（将在第 14 章中深入讨论）实现，这可能会遇到阻力。许多提供商直接拒绝这样的请求，或者只在非常具体和严格限制的条件下才允许渗透测试。这也是可以理解的，基于许多相同的原因，他们可能限制审计。此外，主动安全测试通常会影响所测试的基础架构、平台或应用程序，因此提供商可能会遇到服务问题。

3. 技术挑战

由于是共享资源，云服务也会造成与合规相关的技术挑战。如果与另一家公司在相同的主机服务器上使用云资源，那么该公司缺乏安全性也会很容易影响系统的安全性。

在供应商管理得更严格的云服务（如 SaaS）中，风险会增加，因为与其他客户共享了更大部分的环境。不同客户的数据可能混合在同一个数据库中，只有应用程序逻辑才能将不同客户的数据分开。

另外，在 IaaS 服务中，尽管你会共享一些相同的服务器资源，用于托管虚拟机和一些相同的存储空间，但你的资源和其他人的资源之间仍然存在鸿沟。

6.6.2 区块链合规

区块链是一种分布式、不可编辑的数字账本。交易以块的形式记录到分类账本中，每个块通过单向数学握手（类似于哈希，如第5章所讨论的）附加到链中的前一个块。每个参与者都有一份区块链副本，51%的参与者的共识定义了可接受的链（通常是最长的链）。

在安全方面，区块链提供了一种强大的完整性。当把一项内容记录到区块链的时候，可以非常肯定地说，以后看的时候，它没有被改变。例如，沃尔玛（Walmart）利用这一技术跟踪其食品从最初供应商到将其销售给客户的店铺的路径[1]。

当涉及合规时，重要的是创建一些控制措施，以展示对区块链如何工作的理解。例如，人们经常将区块链的使用作为不可磨灭的记录，你可以写一些东西，而不必担心数据被更改。不幸的是，这只在某些条件下是正确的。可以通过控制51%的参与者来迫使大家就区块链达成共识，在这一点上，可以写任何喜欢的东西。一些公司甚至推广“私有”区块链，这实际上相当于使用加密来确保数据的完整性。试图监管区块链的人应该明白使用区块链可能存在哪些缺陷。如果匆忙地从一个热门的新技术变换到下一个，可能实际上只是落实了安全区域的控制措施。

6.6.3 加密货币合规

*加密货币*是数字货币的一种形式，通常以使用区块链为基础。加密货币无疑是一种颠覆性的技术。第一种加密货币比特币（Bitcoin）出现于2009年，从那时到现在，它的价值变化很大。

比特币生成货币的方式与其用于保持底层区块链运行的方式相同。要将比特币中的每个区块连接到链条上，正如所讨论的那样，需要通过数学握手进行验证。这一功能需要所有参与区块链的人提供一定水平的计算能力，作为激励，参与者将获得一个比特币作为奖励。这种产生新比特币的过程称为*比特币挖矿*。

据报道，2019年2月，Quadriga（当时是加拿大最大的加密货币交易所）的创始人杰拉德·科顿（Gerald Cotton）突然死亡。科顿是一个有安全意识的人，他通过存储在他高度加密的笔记本电脑上的离线账户来维护整个交易。他去逝后，由于他人无

---

[1] Corkery, Michael, and N. Popper. “From Farm to Blockchain: Walmart Tracks Its Lettuce.” New York Times, September 24, 2018. https://www.nytimes.com/2018/09/24/business/walmart-blockchain-lettuce.html.

法访问他的笔记本电脑，该交易所为 11.5 万名客户所持有的价值约 1.9 亿美元的加密货币全部消失。截至本文发稿时，围绕这一事件的确切情况仍在调查中，尽管有传言称，这一事件涉及某种欺诈行为。

作为一个组织，可能受到许多管理金融业务的法律法规的约束，以及那些定义投资者及向其报告的规则的法律法规的约束。尽管许多企业都在商业中使用加密货币，但这仍然是一个灰色地带。然而，几乎可以肯定的是，一个组织无法摆脱因加密货币技术故障造成的数百万美元损失，但不会从法律和监管角度产生严重影响。

6.7　小结

本章介绍了与信息安全相关的法律法规，以及遵守这些法规意味着什么。其中许多都与计算有关，而且各国之间可能存在很大差异。企业可能同时面临法规合规和行业合规问题，它们通常通过实施控制措施来维护这两种合规。

本文还谈到了云计算和区块链等新兴技术中的合规问题，这给那些试图监管它们的人带来了其他挑战。

6.8　习题

1. 在本章中选择一项适用于计算的美国法律，并总结其主要规定。
2. 为什么合规审计可能是一种主动事件？
3. COPPA 关注的是什么类型的数据？
4. 合规和安全性如何相互关联？
5. 哪些问题可能会使国际信息安全计划的实施变得困难？
6. 哪一份 NIST 特殊出版物构成了 FISMA 和 FedRAMP 的基础？
7. 为什么行业法规（如 PCI DSS）很重要？
8. 不遵守法规的潜在影响是什么？
9. 哪组 ISO 标准可能对信息安全计划有用？
10. 公司可能需要遵守的合规标准的指标是哪两项？

第 7 章

运营安全

被军队和政府称为 OPSEC（Operations Security）的运营安全，是你用来保护信息的一个流程。尽管我们之前已经讨论了运营安全的某些要素，例如使用加密来保护数据，但整个运营安全流程包含的内容要多得多。

运营安全不仅包括落实安全措施，还包括确定受保护对象以及威胁行为体。直接开始实施保护措施，可能无法将受保护对象定位到最关键的信息。此外，应根据受保护对象的价值来实施相应的安全措施。如果对所有对象实施相同的安全等级，则可能会过度保护一些价值不高的资源，而忽略对高价值资源的防护。

本章将讨论美国政府的运营安全指南方针。而后，将对其中一些概念的起源进行概述，并讨论它们作为防护工具的日常用途。

7.1 运营安全流程

美国政府制定的运营安全流程包含五个部分，如图 7-1 所示。

首先，确定需要保护的信息。然后分析可能影响它的威胁和漏洞，并开发制定缓解这些威胁和漏洞的方法。虽然这个过程相对简单，但非常有效。下面将逐一对这些步骤进行讨论。

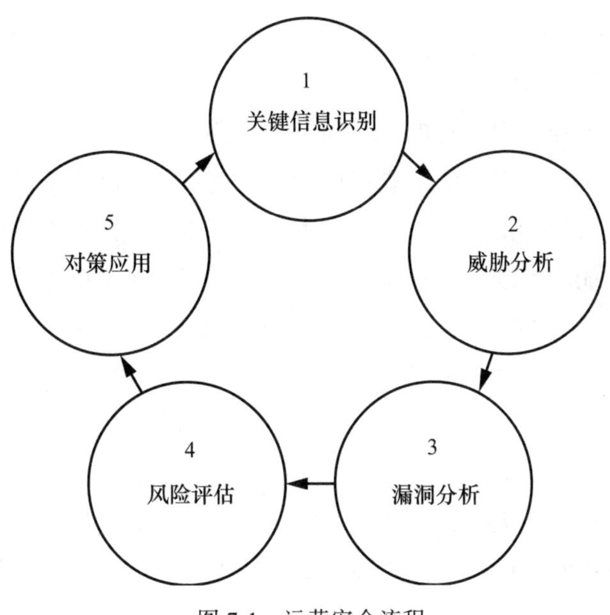

图 7-1　运营安全流程

7.1.1　关键信息识别

运营安全流程的第一步，也是最重要的一步，是确定最关键的信息资产。任何已知商业、个体、军事行动、流程或项目都必须至少有几项关键信息，其他一切都依赖这些信息。对于一家软饮料公司而言，关键信息可能为秘密配方。对于应用程序供应商而言，关键信息可能为源代码，而对于军事行动而言，关键信息可能为攻击时间表。如果资产暴露，应确定哪些会带来最大伤害。

7.1.2　威胁分析

下一步是分析与关键信息相关的威胁。在第 1 章中，将“威胁”描述为“可能对你造成伤害的东西”。使用关键信息列表，可评估如果关键信息被暴露可能会造成的危害，以及可能对此进行利用的人。其与许多军队和政府组织进行信息分类并确定信息访问权的过程相同。

例如，如果你拥有一家软件公司，你可能会将产品的专有源代码标识为关键信息。暴露这些关键信息可能会使公司容易受到攻击和竞争。攻击者或能够确定用于生成许可证密钥的方案，然后开发可盗版你的软件的实用程序，从而导致收入损失。竞争对手可能会使用公开源代码在自己的应用程序中复制你的软件的专有功能，或者大量复制你的应用程序并自己销售。

如果关键信息暴露，对信息的每一项、对信息的获利方以及信息获取手段重复此步骤。如你所见，标识为关键的信息资产越多，此步骤就越复杂。在某些情况下，你可能会发现只有有限数量的当事人可以使用信息，然后只能以有限的方式使用；在另一些情况下，你可能会发现恰好相反。例如，一个打算在工业食品加工线上大规模生产的巧克力曲奇秘密配方，只有对在这种类型的行业中运营的另一家组织才会有用。家庭所使用的相同食谱任何人都可用。

7.1.3　漏洞分析

漏洞是别人可以利用来伤害你的弱点。运营安全的第三步是分析信息资产保护措施中的漏洞。可通过查看用户与这些资产交互的方式以及攻击者可能的目标区域来完成这一步。

在分析影响源代码的漏洞时，你可能会发现对源代码的安全控制不是非常严格，任何有权访问操作系统或网络共享的人都有可能访问、复制、删除或更改它。这可能使攻击者能够复制、篡改或完全删除源代码。或者，在系统进行维护时，该漏洞可能会使文件易受意外更改。

你可能还会发现，没有适当的策略来规范源代码存储位置、其副本应存在于其他系统上还是备份介质上，或者通常应采取的防护措施。这些问题可能会造成多个漏洞，并可能导致严重的安全漏洞。

7.1.4　风险评估

接下来，你将决定在运营安全流程的其余部分中需要解决哪些问题。正如第 1 章中所述，只要存在匹配的威胁和漏洞，才会出现风险。在软件源代码示例中，其中一个威胁为应用程序源代码的潜在暴露。这些漏洞存在是因为对源代码访问的控制不力，以及缺乏访问控制相关的策略。这两个漏洞可能导致关键信息暴露给竞争对手或攻击者。

同样，只有匹配威胁和漏洞才能构成风险。如果源代码的机密性不是目标——例如，如果你正在创建一个开放源代码，并且该源代码对公众免费——你就不会有风险。同样，如果你的源代码受到严格的安全要求约束，几乎不可能以未经授权的方式发布，你也不会有风险，因为漏洞不会出现。

7.1.5 对策应用

一旦发现关键信息存在风险，就可以采取措施来缓解这些风险。在运营安全中，这称为对策。如前所述，要构成风险，需要有匹配的威胁和漏洞。在构建风险对策时，需要最低限度地缓解威胁或漏洞。

在源代码示例中，威胁是指源代码可能会暴露给竞争对手或攻击者，而漏洞则是为保护源代码而设置的一套糟糕的安全控制。在不完全更改应用程序性质的情况下，无法保护自己免受威胁本身的影响，因此你无法保护自己免受威胁。但是，你可以采取措施来缓解该漏洞。

例如，要缓解此漏洞，你可以制定更强有力的措施来控制代码访问权，并为控制访问方式建立一组规则。一旦像这样打破威胁 / 漏洞，你将不再有严重风险。

需要注意的是，这是一个迭代过程，你可能需要多次重复该循环才能完全缓解问题。每次经历这个周期，你都将从之前的缓解工作中获得知识和经验，从而使你可以根据安全级别来调整解决方案。当你的环境发生变化或者新的因素出现时，你还需要重新审视这个过程。

如果熟悉风险管理，你可能已经注意到，运营安全周期缺少针对对策有效性的评估。我相信这一步隐含在整个运营安全流程中。然而，这个过程不是一成不变的，如果你看到这样做有益，可实施这一步。

7.2 运营安全定律

美国能源部内华达管理局前雇员库尔特・哈斯（Kurt Haase）将运营安全流程提炼成三条规则，称为 OPSEC 定律。这些定律是对前面所述循环的另一种思考方式，虽然不一定是流程中最重要的部分，但它们确实对运营安全的一些主要概念进行了强调。

7.2.1 第一定律：知道这些威胁

运营安全的第一定律是“如果你不了解威胁，怎知要保护什么？”[1]换而言之，你

[1] Haase, Kurt. “Kurt’s Laws of OPSEC.” Viewpoints 2 (1992). Wayne, PA: National Classification Management Society.

需要知晓你的关键数据面临的实际和潜在威胁。这条定律直接对应于运营安全流程的第二步。

最终，正如前面讨论的那样，每条信息都可能受到其自身威胁的影响。威胁甚至可能取决于你的位置。当涉及基于云的服务时，这一点尤其正确。例如，即使你已枚举某个位置的关键数据面临的所有威胁，如果你跨多个存储区域、在多个国家 / 地区复制这些数据，也可能会遇到新的威胁。这是因为不同的当事人在一个地区可能更容易进入，或者相关法规可能在不同的地方有明显的不同。

7.2.2 第二定律：知道要保护什么

“如果你不知道要保护什么，怎知你在保护它？”[㊀]这条运营安全定律指出，需要评估信息资产，并确定关键信息的确切内容是什么。这条定律对应于运营安全流程的第一步。

大多数政府环境要求对信息进行识别和分类。每项信息——可能是文档或文件——都会被分配一个标签，如机密或绝密，用来标识其内容的敏感性。这样的标签使得关键信息识别任务变得容易得多，但不幸的是，政府以外的人很少使用这个系统。

商业中的一些组织可能有信息分类政策，但根据我的经验，他们通常会零星地实施这样的标签。一些民用行业，比如那些处理联邦政府要求保护的数据的行业，如金融或医疗数据，确实会对信息进行分类，但这些都是例外，而不是规则。

7.2.3 第三定律：保护信息

第三条，也是最后一条运营安全定律是“如果你不保护 [信息]……龙赢了（THE DRAGON WINS）！”[㊁]该定律从整体上阐述了运营安全流程的必要性。如果不采取措施来保护你的信息，龙（你的对手或竞争者）默认获胜。

不幸的是，“龙”获胜的案例屡见不鲜。安全入侵不断地出现在新闻和追踪入侵的网站上，如隐私权信息交流中心（Privacy Rights Clearinghouse）（https://www.privacyrights.org/）。在许多情况下，入侵是由于粗心大意和不遵守最基本的安全措施

㊀ Haase.

㊁ Haase.

所造成的。

2018年9月，一名安全研究人员发现，总部位于加州的电子邮件营销公司SaverSpy遭到入侵，情况就是如此。此次入侵导致超过43 GB的用户数据、1000多万名雅虎用户的姓名、电子邮件地址、物理地址和性别等信息被窃取。[1]

我差点认为是黑客悄无声息地闯入系统并窃取了这些信息。但事实上，这位研究人员是在筛选搜索引擎Shodan[2]上的失陷服务器时发现了这些数据；事实证明，包含这些数据的服务器在互联网上是完全开放且不受保护的。雪上加霜的是，攻击者还在数据库上留下一封勒索信，这名攻击者早些时候发现了暴露的服务器。

运营安全流程本可以快速识别此类关键数据集，从而使你有更好的机会避免这种情况。防止入侵所需的安全措施既不复杂，也不昂贵，从长远来看，可保护信誉并防止财务损失。

7.3 个人生活中的运营安全

运营安全流程不仅在企业和政府中有用，在我们的个人生活中也很有用。你可能不会有意识地完成运营安全周期的所有部分来保护你的个人数据，但你仍会使用所讨论的一些方法。

例如，如果你要去度几周假，留下一座空房子，你可能会采取措施，在离开时确保一定程度安全。可从以下几点来判断房子是空置的和易受攻击的：

- 晚上没开灯
- 房子里没有噪声
- 报纸堆积在车道上
- 邮箱中有堆积的邮件
- 车道上没有车
- 没有人出入

然后，你可能会采取措施，确保不会如此明显地向窃贼或破坏者显示这些漏洞。

---

[1] Cimpanu, Catalin. "MongoDB Server Leaks 11 Million User Records from E-marketing Service." ZDNet, September 18, 2018. https://www.zdnet.com/article/mongodb-server-leaks-11-million-user-records-from-e-marketing-service/.

[2] Shodan home page. Accessed July 2, 2019. https://www.shodan.io/.

例如，你可以设置灯上的定时器，使整个房间的灯在不同时间打开和关闭。你也可以在电视或收音机上设置定时器，这样就可以产生噪音，让人感觉有人在家。要解决邮件和报纸堆放的问题，你可以在不在的时候暂停投递。为了让房子看起来有人住，你可以每隔几天就让朋友过来浇水，或者偶尔开车进出车库。

运营安全和社交媒体

在社交网络工具的时代，经常会发生一些令人不安的个人运营安全事件。目前，部分此类工具都配备了位置感知功能，允许计算机和便携设备在用户更新状态时报告物理位置。

此外，人们经常发帖子说要去吃午饭，去度假，等等。在这两种情况下，我们都向公众发出了一个非常明确的信号，告诉他们什么时候我们可能不在家，或者什么时候我们可能会被发现在某个特定的地点——从行动安全的角度来看，这是一种糟糕的做法。

虽然你不会像美国政府那样严格地执行这些 OPSEC 措施来保护个人数据，但流程却是一样的。当涉及逻辑资产时，采取这些方法尤其重要。

你的个人信息通过数量惊人的计算机系统和网络传输。尽管你可能会采取措施来缓解安全威胁，比如在互联网上小心分享你的个人信息的地点和方式，或者在丢弃包含敏感信息的邮件之前将其粉碎，但不幸的是，你无法控制可能泄露个人信息的所有方式。

正如在本章前面看到的 SaverSpy 泄密事件，你不能总是信任组织会仔细处理你的信息。也就是说，如果计划在入侵发生之前保护个人数据，你至少可以在一定程度上缓解这个问题。例如，你可以设置监控服务来监视信用报告，发生入侵时，你可以向这些机构提交欺诈报告。你也可以仔细查看财务账目。虽然这些步骤可能并不复杂，也不是很难执行，但如果在问题发生之前实施，它们可以产生很大的不同。

7.4　运营安全起源

尽管美国政府所实施的运营安全流程可能为新理念，但其基本概念却是古老的。几乎每个历史时期的军队或大型商业组织都会实施现代运营安全原则。本节将叙述几个对现代运营安全的发展起到非常重要的作用的例子。

7.4.1 孙子

孙子是中国春秋末期的军事家。对一些人来说，孙子所著的《孙子兵法》是一本指导军事行动的权威书籍。《孙子兵法》催生了无数的衍生产品，其中许多将它所宣扬的原则应用于各种情况，包括信息安全。《孙子兵法》记录了运营安全原则的一些早期例子，比如：

第一句话是："知己知彼百战不殆。"[一]这是一个简单的告诫，既要侦察敌人情报，又要保护自身情报。

第二句话是："故形兵之极，至于无形。无形，则深间不能窥，智者不能谋。"[二]孙子在这里说的是，我们应该在对手难以观察到的地方进行战略规划，即我们能找到的最高点。他再次建议保护我们的计划，这样它们就不会被泄露给对手。

虽然这两句话都写在很久以前，但它们都非常符合我们在本章前面讨论的运营安全定律，即知道威胁，知道要保护什么，然后再保护它。

7.4.2 乔治·华盛顿

美国第一任总统乔治·华盛顿是一位著名的军事家，他提倡良好的运营安全措施。他在运营安全领域最有名的一句话："搜集过程中，即使是细枝末节，也不能放过。一件看似琐碎的事情，如果与其他更严肃的事情相结合，可能得出有价值的结论。"[三]这意味着即使是一些单独没有价值的小信息，结合在一起也可能产生很大的价值。

现代的一个例子是构成身份的三项主要信息：姓名、地址和社保号。单独来看，这些信息完全无用。单独公开这些信息，不会产生糟糕的影响。然而，将三项结合起来就足以让攻击者窃取你的身份，并将其用于各类欺诈活动。

华盛顿还曾说过："大多数此类企业的成功基于保密，而缺乏保密，则一般都是失败的。"[四]在这个案例中，他指的是一个情报搜集项目，以及需要对其活动保密。人

[一] Tzu, Sun. The Art of War. Translated by Samuel B. Griffith. Oxford, UK: Oxford University Press, 1971.

[二] Tzu.

[三] Operations Security Professional's Association. " The Origin of OPSEC. " Accessed October 3, 2018. http://www.opsecprofessionals.org/origin.html (Site discontinued).

[四] Central Intelligence Agency. " George Washington, 1789–97. " Center for the Study of Intelligence, March 19, 2007, updated July 7, 2008. https://www.cia.gov/library/center-for-the-study-of-intelligence/csi-publications/books-and-monographs/our-first-line-of-defense-presidential-reflections-on-us-intelligence/washington.html.

们都认为他对情报问题了如指掌，且人们认为在此类能力正式存在之前，他就已经建立了一个组织来执行此类活动。

7.4.3 越南战争

越南战争时期，美国意识到有关部队调动、行动和其他军事活动的信息正在泄露给敌人。显然，在大多数环境下，无论军事上还是其他方面，让我们的对手了解我们的活动都是一件坏事，特别是在可能危及生命的情况下。为了阻止泄露，当局进行了一项代号为“紫龙”(Purple Dragon[⊖]) 的研究，以查找泄露原因。

最终，这项研究得出了两个主要结论：第一，在那个环境中，窃听者和间谍比比皆是；第二，军方需要调查信息丢失程度。这项调查查询了有关信息本身的问题，以及这些信息的脆弱程度。进行这些调查和分析的团队创造了“运营安全”及其首字母缩写 OPSEC。此外，他们认为有必要成立一个运营安全小组，负责政府内部的不同组织都能实施运营安全原则，并与这些组织合作建立这些原则。

7.4.4 商业

20 世纪 70 年代末和 80 年代初，军队和政府中使用的一些运营安全概念开始在商业界扎根。启用工业间谍——搜集商业情报以获得竞争优势——是一种古老的做法，但随着这个概念在军事领域变得更加结构化，它在商业领域也变得更加结构化。1980 年，哈佛商学院教授迈克尔·E. 波特（Michael E.Porter）出版了一本名为《竞争战略：分析工业和竞争者的技术》(*Competitive Strategy: Techniques for Analyzing Industries and Competitors*) 的书籍。这本书现已出版了将近第 60 版，为我们现在所说的竞争情报奠定了基础。

竞争情报通常被定义为进行情报收集和分析以支持商业决策。与竞争情报相对应的是竞争反情报，包括政府几年前才制定的运营安全原则，至今仍是开展业务的积极组成部分。可在含战略和竞争情报专业人员（the Strategic and Competitive Intelligence

⊖ National Security Agency. Purple Dragon: The Origin and Development of the United States OPSEC Program (Series VI, The NSA Period, Volume 2). Fort Meade, MD: National Security Agency, Center for Cryptologic History, 1993. Accessed July 2, 2019. https://www.nsa.gov/news-features/declassified-documents/cryptologic-histories/assets/files/purple_dragon.pdf.

Professionals，SCIP）[1]的专业组织和位于巴黎的Ecole de Guerre Economique（或Economic Warfare School）等中看到这些原则的作用。

7.4.5　机构间 OPSEC 支援人员

越南战争结束后，指挥“紫龙”并制定政府OPSEC原则的组织试图获取支持，该组织将就运营安全与各个政府机构合作。该组织无法引起军事机构的重视，也无法获得美国国家安全局的官方支持。幸运的是，在美国能源部和美国总务署的支持下，该组织获得了足够的支持来向前推进。因此，该组织起草了一份文件，提交给了当时处于第一个任期的罗纳德·里根（Ronald Reagan）总统。

这些努力由于里根的连任竞选活动而被推迟，但不久之后，里根于1988年签署了机构间OPSEC支援人员（Interagency OPSEC Support Staff，IOSS）文件及《国家决策安全指令298》[2]。今天，机构间OPSEC支援人员负责各类OPSEC的宣传和培训工作，如图7-2所示为美国海军运营安全海报[3]。

图 7-2　美国海军运营安全海报

[1] SCIP home page. Accessed July 2, 2019. https://www.scip.org/.

[2] The White House. “NSDD 298 National Operations Security Program.” January 22, 1988, accessed July 2, 2019. https://catalog.archives.gov/id/6879871/.

[3] Naval Operations Security Support Team. “Posters.” US Navy, accessed July 2, 2019. https://www.navy.mil/ah_online/opsec/posters.asp.

7.5 小结

运营安全的起源可以追溯到有记录的历史。可在公元前6世纪孙子的著作、现代的乔治·华盛顿的言语、商界的著作和美国政府的方法论中找到这样的原则。尽管运营安全流程的形式较新，但它们所依据的原则确实是古老的。

运营安全流程由五个主要步骤组成。首先，你可以从确定最关键的信息开始，这样你就知道需要保护什么。然后分析所处形势以确定你的环境中存在哪些威胁和漏洞。一旦了解了你的威胁和漏洞，你就可以尝试确定你可能面临的风险。当威胁和漏洞匹配时，就存在风险。当知道风险后，你可以规划对策来降低风险。

库尔特·哈斯所著的《OPSEC定律》对这一流程进行了总结。他的三条定律涵盖了你可能想要内化的过程中的一些高点。

你还可以在你的个人生活中使用商业和政府中使用的运营安全原则，即使你可能不会以正式的方式实施。通过系统和网络共享大量个人信息时，识别关键信息并策划保护措施非常重要。

7.6 习题

1. 为什么确定关键信息很重要？
2. OPSEC的第一定律是什么？
3. 机构间OPSEC支援人员的作用是什么？
4. 乔治·华盛顿在创建运营安全方面扮演了什么角色？
5. 在运营安全流程中，评估威胁和评估漏洞有何不同？
6. 为什么要使用信息分类？
7. 当你浏览完整个运营安全流程后，你的工作完成了吗？
8. 第一个正式的OPSEC方法论是从哪里产生的？
9. 运营安全的来源是什么？
10. 竞争反情报的定义是什么？

第8章

人因安全

在信息安全中，我们把人称为安全程序的“薄弱环节”。不管你设置了什么安全措施，都几乎无法控制你的员工，他们可能会点击危险链接、通过不受保护的通道发送敏感信息、泄露密码或在显眼位置发布重要数据等。

更糟糕的是，攻击者可以利用这些癖好进行社会工程学攻击，操控他人来获取信息或访问设备。这些攻击通常依赖于人们帮助他人的意愿，特别是当面对似乎陷入困境的人、有威胁性的人（如高层经理）或看起来熟悉的人时。

也就是说，你可以采取措施保护你的团队免受这些攻击，方法是设置适当的策略并教育员工认识到危险。本章的主要内容包括：可能被盗取的数据类型、几类社会工程学攻击，以及如何给员工制订有效的安全培训计划。

8.1 搜集信息实施社会工程学攻击

为了保护所属组织，你需要知道社会工程师收集数据的方式。当前，人们比以往任何时候都能够更快地收集有关个人和企业的信息。在线数据库、公共记录和社交媒体网站中存在着惊人的信息。在许多情况下，这些数据可免费获取。许多人会发布一些他们日常活动的详细信息，让全世界都能看到。

一旦攻击者收集到有关内部流程、人员或系统的信息，他们就可以利用这些信息进行复杂的攻击。如果攻击者打电话给一家公司，并直截了当地要求提供一份包含敏感销售数据的报告，另一端的人很可能会拒绝。另外，如果一个攻击者使用社会工程学技术，用惊慌的声音打电话，说由于他们的笔记本电脑刚刚崩溃，需要从 Sales-Com 服务器上的销售目录中获取一份最新版的 TPS-13 报告，在 15 分钟后要和黑泽明（Kurosawa）先生开会，在这种情况下，他们更有可能成功。（这是一种称为托词的社会工程学攻击。我将在本章后面更详细地介绍它）。

值得注意的是，攻击者在刚才讨论的这种情况下可能会使用什么类型的信息。在保护人们和商业组织时，你应该关注两个主要的信息来源：人力情报和开源情报。

8.1.1 人力情报

作为世界各地军事和执法组织的主要工具，人力情报（Human Intelligence，HUMINT）是通过与人交谈收集的数据。人力情报数据可能包括个人观测、人们的日程安排、敏感信息或其他许多类似项目中的任何一个。你可以用刑讯逼供之类的敌意手段，或者用微妙的骗局欺骗参与者来收集人力情报。安全专业人士关注的是后者。

例如，你可以使用人力情报作为实施其他社会工程学攻击的基础。你可以观察到进出办公楼的交通，注意到办公室经常收到包裹递送，每天早上 8 点换班所致的许多人同时进出大楼。在这个繁忙的时间里，你穿着熟悉的送货制服，以未经授权的方式进入设施的可能性要大得多。

8.1.2 开源情报

开源情报（Open Source Intelligence，OSINT）是从公开来源收集的信息，例如招聘信息和公共记录。这些公开的数据可以揭示大量有用的信息，包括特殊企业所使用的技术、企业的结构以及员工及其职位的具体名称。开源情报是社会工程学攻击的主要信息来源之一。

1. 简历与招聘信息

在简历中，你可能会找到工作经历、技能和爱好，攻击者可以用它们来根据目标的技能或兴趣发起社会工程学攻击。在工作列表中，公司通常会披露他们认为敏感的信息，包括办公室和数据中心位置、网络或安全基础设施详细信息，以及正在使用的软件。招聘人员可能会认为有必要在招聘过程中发布这些信息，但攻击者也可以利用这些信息来策划攻击或为未来的监控工作划设侧重点。

假如你收集了一家公司的信息，并确定该公司在其云托管环境中运行 Windows 服务器并使用 CompanyX 防病毒软件，那么在计划针对该公司的攻击时，你需要考虑的变量就大大减少。如果收集有关位置和信息安全团队成员的其他信息，你还可以预测对攻击的响应水平和时间，从而更有效地发动攻击。

2. 社交媒体

攻击者可以通过跟踪某人的活动，找到他们的朋友和其他社交联系，甚至跟踪他们的物理位置，使用 Facebook 和 Twitter 等社交媒体工具轻松收集开源情报。他们可以利用这些信息监视人们或采取更直接的行动，如勒索。在许多情况下，年轻人往往更愿意记录可疑活动，并可能为这类信息提供更丰富的来源。

最好的一个例子就是，攻击者利用社交媒体工具来试图操纵 2016 年美国总统大选结果。在大选前的几个月里，Internet Research Agency 公司购买了约 3500 个 Facebook 广告，旨在通过触及种族、治安和移民等主题，在目标选民群体中煽动紧张局势。2018 年 2 月，美国联邦陪审团起诉了从事这项活动的 13 名该公司工作人员。[㊀] 这是社会工程学的一个经典例子，我将在本章后面详细阐述。

3. 公共记录

公共记录可以提供关于目标的大量信息，包括抵押贷款、婚姻、离婚、法律诉讼和停车罚单的凭据。攻击者经常使用这些数据进行额外的搜索并定位更多信息。

公共记录的架构可以根据记录的地理位置和持有该记录的组织的不同而有所不同。在美国，每个州的法律都不同，因此你可以在一个州合法获取的信息在另一个州获取时，可能就是非法的。

4. 谷歌黑客

谷歌和其他搜索引擎是收集信息的极好资源，特别是当攻击者使用高级搜索时，例如：

site 将结果限制在特定站点（site:nostarch.com）。

filetype 将结果限制为特定的文件类型（filetype:PDF）。

intext 查找包含一个或多个词的页面（intext:security）。

㊀ Penzenstadler, Nick, Brad Heath, and Jessica Guynn. " We Read Every One of the 3,517 Facebook Ads Bought by Russians. Here's What We Found." USA Today, May 11, 2018. https://www.usatoday.com/story/news/2018/05/11/what-we-found-facebook-ads-russians-accused-election-meddling/602319002/.

inurl 查找 URL 中包含一个或多个词的页面（inurl:security）。

你可以将这些运算符组合到单个搜索中以检索特定结果。例如，在搜索中输入 site:nostarch.com intext:andress security 应该会返回这本书的出版商页面，如图 8-1 所示。

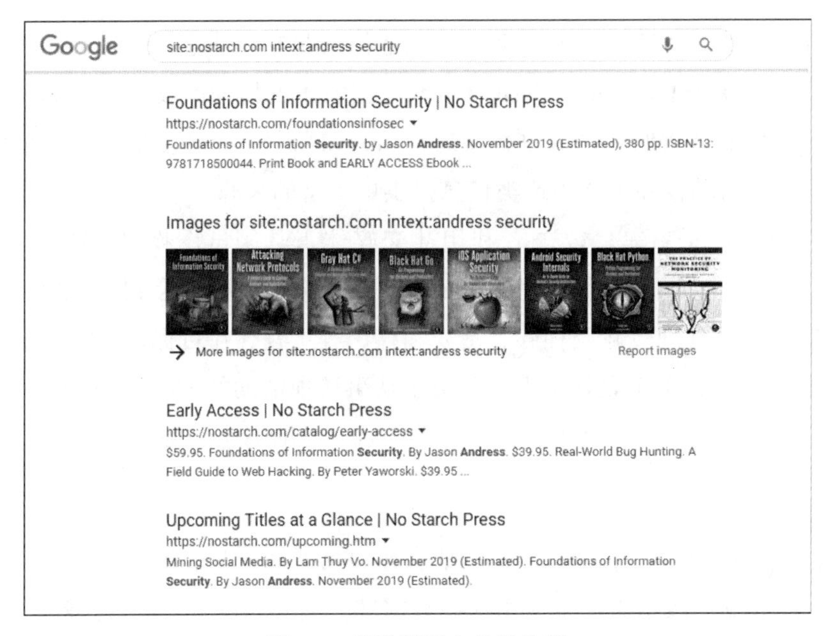

图 8-1　谷歌搜索中的操作符

谷歌黑客数据库（https://www.exploit-db.com/google-hacking-database/）如图 8-2 所示，包含使用高级搜索操作符来查找特定漏洞或安全问题的谷歌预置搜索，例如包含密码或易受攻击的配置和服务文件。

其不仅可预先安装一些可供你轻松点击的搜索，还演示了可使用搜索操作符的一些更复杂的方法。例如，图 8-2 中的底部搜索显示了 3 个不同运算符（inurl：、intext：和 ext：）的组合。你可以很容易地切换出这些术语，以重新调整搜索目的供自己使用。

5. 文件元数据

元数据是几乎所有文件数据的相关数据，它不仅可以显示普通的信息（如时间戳和文件统计信息），还可以显示更有趣的数据（如用户名、服务器名、网络文件路径以及删除或更新的信息）。文件元数据提供用于搜索、排序、文件处理等的数据，而且用户通常不会立即看到它。许多专业的取证工具（如 EnCase（https://www.guidancesoftware.com/encase-forensic/）），都具有特定的功能，可以在取证调查中快速、轻松地恢复这些数据类型。

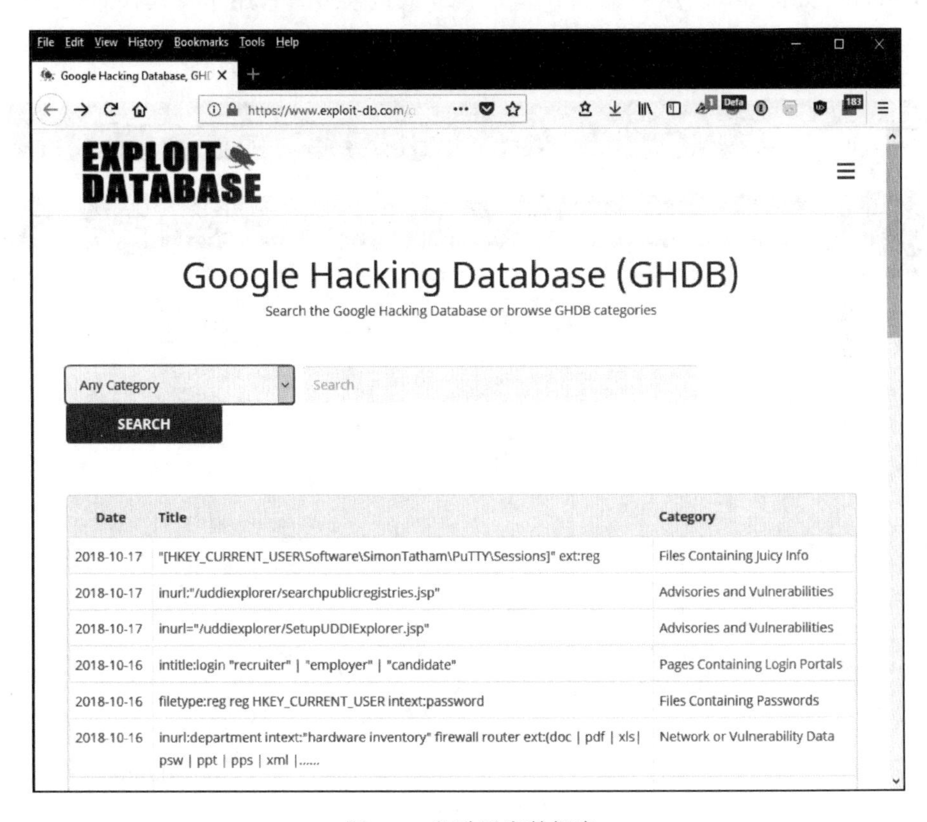

图 8-2 谷歌黑客数据库

图像和视频文件元数据（称为 EXIF 数据）包括摄像机设置和硬件等信息。你可以使用 ExifTool（https://www.sno.phy.queensu.ca/～phil/exiftool/）查看和编辑 EXIF 数据，ExifTool 是一个很棒的跨平台工具，可以处理各种文件类型。特别是在已经存在一段时间并由多人编辑的文档中，它们包含的元数据的数量可能会让你感到惊讶。可以尝试下载并使用它分析一些文档或图像文件。

包含全球定位系统（Global Positioning System，GPS）信息的设备生成的图像文件也可能包含位置坐标，许多智能手机如果启用了相机上的位置设置，就会将用户的位置信息嵌入图像文件中，这意味着将这些图像上传到互联网可能会泄露敏感数据。

有许多工具可以帮助从 OSINT（和其他）来源收集信息。在这些工具中，最常见和最知名的两个是 Shodan 和 Maltego。

6. Shodan

Shodan，如图 8-3 所示，是一个基于 Web 的搜索引擎，用于查找存储在连接互联网的设备上的信息。

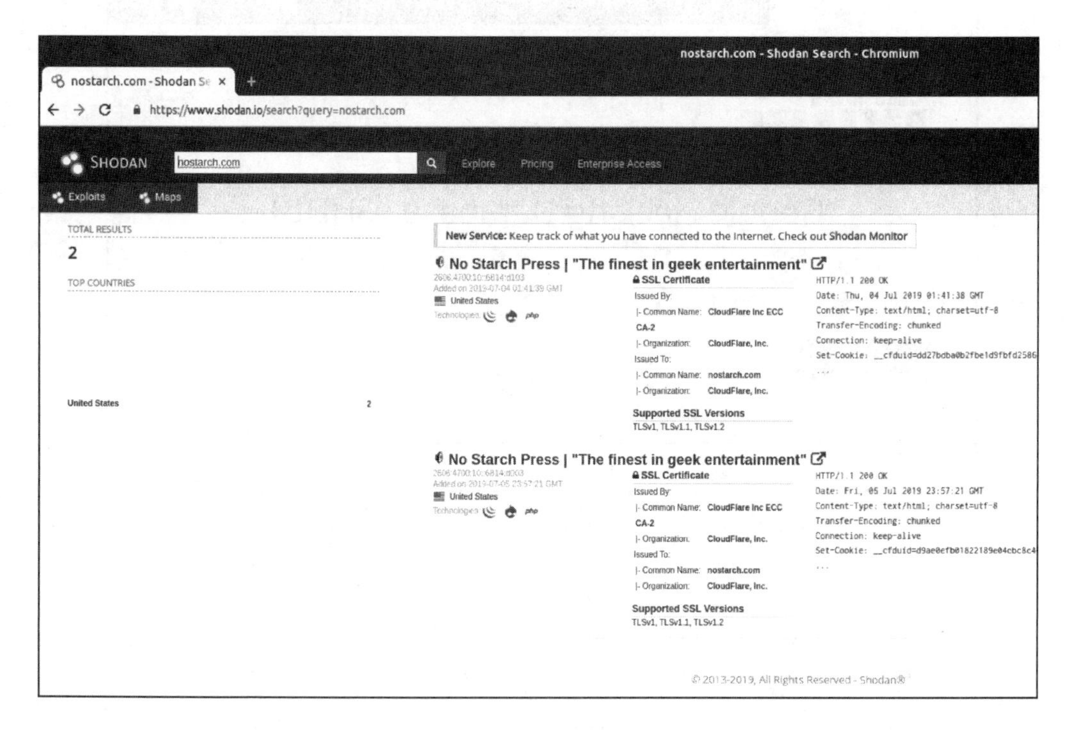

图 8-3　Shodan

Shodan 允许你搜索特定信息，包括特定硬件、软件或开放端口等。例如，如果你知道特定文件传输协议（File Transfer Protocol，FTP）服务的易受攻击版本，你可以要求 Shodan 提供其数据库中所有实例的列表。同样，你可以向 Shodan 询问它所知道的关于域或服务器的所有信息，并立即看到可能存在特定漏洞的位置。

7. Maltego

Maltego（https://www.paterva.com/）是一个情报搜集工具，它使用特定数据点之间的关系（称为转换，transform）来查找与你已有信息相关的信息，如图 8-4 所示。

例如，你可以先给 Maltego 一个网站的域名，然后使用转换来查找网站上列出的名字和电子邮件地址。从这些名字和电子邮件地址中，你可以在互联网上的其他地方找到基于相同邮件格式的其他地址和名字。你还可以查找托管域的服务器 Internet 协议（Internet Protocol，IP）地址，然后查找同一服务器上托管的其他域。

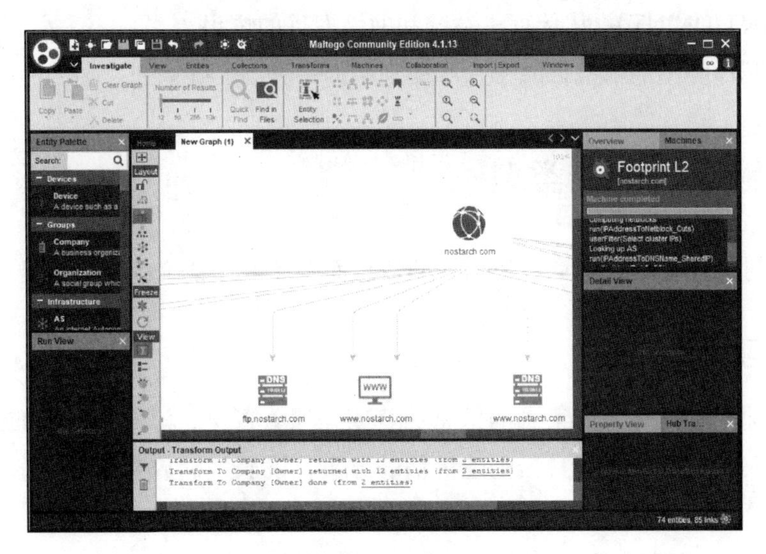

图 8-4 Maltego

Maltego 在一个图表上显示你的搜索结果，该图表显示了搜索到的每个项之间的链接。通过单击特定项并选择新的转换，可以使用该图表对特定项进行其他搜索。

8.1.3 其他类型的情报

OSINT 和 HUMINT 绝不是你能搜集到的唯一情报类型。还有以下其他类型：

- **地理空间情报（Geospatial Intelligence，GEOINT）**：通常来自卫星的地理信息。
- **测量和签名情报（Measurement And Signature Intelligence，MASINT）**：测量和签名数据来自传感器，如光学或天气阅读器。MASINT 包含一些传感器特定类型的情报，如 RADINT 或从雷达收集的信息。
- **信号情报（Signals Intelligence，SIGINT）**：通过拦截人员或系统之间的信号而收集的数据。人之间的通信和电子情报（Electronic Intelligence，ELINT）、系统之间的通信可被称为通信情报（Communications Intelligence，COMINT）。
- **技术情报（Technical Intelligence，TECHINT）**：有关设备、技术和武器的情报，通常是为了制定对策而搜集。
- **金融情报（Financial Intelligence，FININT）**：有关公司和个人的金融交易数据，

通常从金融机构获取。

- **网络情报/数字网络情报**（Cyber Intelligence/Digital Network Intelligence，CYBINT/DNINT）：从计算机系统和网络搜集的情报。

大多数其他类型的情报都属于这些类别中的一种。

8.2　社会工程学攻击类型

本节将讨论为搜集上一章节所描述的信息而发动的社会工程学攻击类型。

8.2.1　托词

托词，即攻击者利用搜集到的信息伪装成经理、客户、记者、同事的家人或其他值得信任的人。他们使用假身份创建可信的方案，说服目标放弃敏感信息或执行他们通常不会为陌生人做的操作。

攻击者可以在面对面的接触中或通过某种通信媒介使用托词。直接互动需要更多地关注肢体语言等细节，而间接接触，如通过电话或电子邮件进行的接触，则需要更多地关注言语举止。这两种类型都需要良好的沟通和心理技能、专业知识和敏捷的思维。

托词给社会工程师带来了优势。例如，如果社会工程师能够透露姓名，提供有关企业的详细信息，并让目标有充分的理由相信他们有权获得他们所要求的信息或访问权限，或者就此而言，他们已经拥有了这些信息或访问权限，那么他们成功的机会就会大大增加。

8.2.2　钓鱼攻击

*钓鱼攻击*是一种社会工程学技术，攻击者使用电子通信（如电子邮件、短信或电话）收集目标的个人信息或在其系统上安装恶意软件，通常是通过说服目标点击恶意链接。

钓鱼攻击中使用的虚假网站通常是一些知名网站，如银行、社交媒体或购物网站。一些看起来明显是假的，公司标志模仿得很差，拼写也很糟糕，而其他的则极难与合法页面区分开来。幸运的是，许多浏览器近年来大幅提高其安全性，如图 8-5 所示的告警，网络钓鱼攻击变得更加困难。

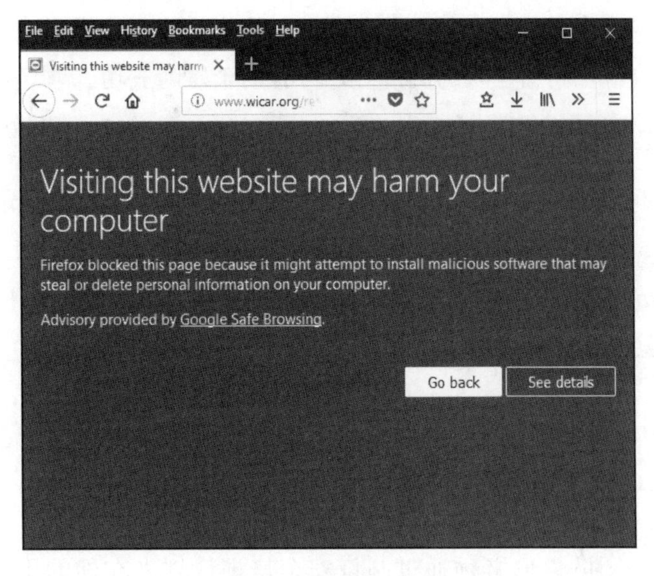

图 8-5 钓鱼攻击告警

然而，即使没有这些告警，除非目标在被伪造的网站上有一个账户，否则大多数钓鱼攻击都会失败；没有 MyBank 账户的人不会被虚假 MyBank 网站迷惑而遭受攻击。即使目标确实有账户，人们对来自银行或其他网站的未经请求的电子邮件也变得更加谨慎。一般而言，钓鱼攻击依赖于接收方对细节缺乏关注，其成功率仍然很低。

为了获得更高的成功率，攻击者可能会求助于鱼叉钓鱼或针对特定公司、企业或个人发动定向攻击。鱼叉钓鱼攻击需要高级侦察，以便消息看起来像是来自目标信任的人，例如人力资源部门的员工、经理、公司 IT 支持团队、同事或朋友。

虽然正常的钓鱼攻击可能看起来笨拙、结构拙劣，旨在欺骗大量收件人中的一小部分，但鱼叉钓鱼攻击采取了相反的方法。例如，攻击者通常会发送包含预期徽标、图形和签名模块的干净电子邮件，他们会对恶意链接进行伪装。如果攻击的目的是窃取站点或服务凭据，攻击者甚至可以使用新窃取的凭据将目标登录到真实站点，而不会留下错误消息或中断的会话来提示发生了异常情况。

8.2.3 尾随

物理尾随，是一种跟踪某人通过一个访问控制点的行为，这些访问控制点通常需要证明、证件，或钥匙才能进入。得到授权的人员可能会故意或无意地让人进入。

尾随几乎在任何使用技术访问控制的地方都会发生，部分原因是授权用户的粗心大意，部分原因是大多数人倾向于避开对抗。一些技巧，比如知道使用哪些工具，以及通过心理学让攻击者利用他人的同情心，可有助于尾随成功。

社会工程学的更多内容

有关社会工程学的更多信息，请访问克里斯·哈德纳吉（Chris Hadnagy）的网站 https://www.social-engineer.com/ 或参阅他的优秀著作《社会工程学：人类黑客科学》（*Social Engineering: The Science of Human Hacking*）。关于社会工程学攻击的作用，哈德纳吉研究的要深入得多。

8.3　通过安全培训计划来培养安全意识

为了保护你的团队，你必须通过制订安全培训计划来在你的用户中培养安全意识。这些计划通常包括在新员工入职过程中由讲师辅导或开设网课，随后进行严格的测验。你还可以定期进行重复培训，以加强员工的安全意识。

本节概述了你在这些培训计划中通常应该涵盖的一些主题。

8.3.1　密码

虽然可以使用技术工具来确保用户选择强密码，但你不能轻易控制用户将如何使用这些密码。例如，员工可以写下密码并将其粘贴到键盘底部，或者为了方便起见与其他用户共享密码。

另一种有害行为是对多个账户使用相同的密码。即使你强制用户在工作区中的给定系统上创建强密码，该用户也可以手动将团队中的所有其他系统同步到相同的密码（包括允许外部访问组织网络的虚拟专用网络凭据），然后回家处理他们的互联网论坛凭据、电子邮件和在线游戏密码，让他们的登录变得更容易。不幸的是，如果攻击者破坏了他们论坛的密码数据库，并公布了用户的电子邮件地址和密码，攻击者就会获得大量令人不安的信息——可能包括用户如何连接公司 VPN 向其家中发送邮件。

不幸的是，糟糕的密码保护是一个很难通过技术手段解决的问题，而教育是解决这个问题的最好方法之一。你应该敦促用户创建强密码，即使他们没有被直接强制这样做，告诉他们不要将密码留在或记录在可能容易被泄露的地方，并要求他们不要在多个系统或应用程序中重复使用相同的密码。

8.3.2　社会工程学培训

训练用户识别和应对社会工程学攻击可能是一项极其艰巨的任务，因为这类攻击利用了我们的行为规范和倾向。值得庆幸的是，公众对钓鱼电子邮件和欺诈的认识总体上有所提高。

总的来说，应该教你的用户对任何看似不寻常的事情保持怀疑态度，包括收件箱中的非典型请求或电子邮件，以及工作环境中的陌生人，即使这些事件看起来很正常。

要求人们信任，但在面对哪怕是最轻微的怀疑时也要核实。你的用户可能会给你的安全防护中心打很多电话、发送电子邮件，但至少他们不会电汇数千美元给一个谎称是在旅行时遭到抢劫，急需资金回国的公司副总裁。

8.3.3　网络使用

你应该与你的用户讨论正确的网络使用情况。正如我将在第 10 章中介绍的那样，当今社会，人们可以访问各种网络，包括有线和无线网络，从工作场所相对受限的网络到家庭、咖啡馆和机场的开放网络。

未经培训的用户可能会认为，在工作时将笔记本电脑连接到会议室的网络与连接到酒店的无线网络相同，这也与连接到机场的网络相同。通常，人们对待访问网络的方式与对待访问任何公用设施的方式相同，比如墙上插座提供的电力或灯发出的光；他们期望它在那里，并按预期运行。除此之外，大多数人都不会过多考虑存在的风险。

你应该指导用户对企业网络进行防护。这意味着一般情况下不能将外部设备连接到企业网络。例如，用户需要知道，供应商不能接入会议室的设备，也不能将他们的 iPad 连接到生产网络。相反，你应该提供一个外部设备可以使用的网络（如访客无线网络），并确保用户知道如何连接到该网络，以及他们可以使用该网络的参数。

此外，你应该限制在外部网络上使用公司资源，这是一个多年来严重困扰着许多组织的问题。如果你将敏感数据加载到笔记本电脑中，然后连接到当地咖啡店或酒店的网络，则可能会意外地与网络上的其他所有人共享这些数据。

解决此问题的一种简单技术方案是实施允许用户访问公司网络的 VPN。你应该将 VPN 客户端配置为在设备发现自己位于外部网络时自动连接到 VPN。此外，你应该告诉用户避免将包含敏感信息的设备连接到不安全的网络。

8.3.4 恶意软件

恶意软件相关的培训知识通常包括让用户不要胡乱点击链接。当他们在网上冲浪、打开电子邮件附件、浏览社交网络和使用智能手机时，他们应该注意以下几种常见的危险信号：

- 他们不认识的人发来的电子邮件附件。
- 包含潜在可执行文件类型并可能包含恶意软件（如 EXE、ZIP 和 PDF）的电子邮件附件。
- 使用 http://bit.ly/ 等短 URL 的网页链接（如果有疑问，可以使用诸如 http://LinkExpander.com/ 或 http://unshorten.me/ 等工具验证短 URL 的目的地）。
- 名称与预期名称略有不同的 Web 链接（例如，myco.org 而不是 myco.com）。
- 来自非官方下载网站的智能手机应用程序。
- 盗版软件。

如果给你的用户灌输了一种健康的偏执狂意识，他们会在立即点击可疑链接之前打电话给你的服务台或安全团队询问问题。

8.3.5 个人设备

你应该制定规则，规定员工何时以及如何在工作场所使用个人设备。通常，你可能会允许他们在企业的网络边界使用它；这意味着你将允许他们携带笔记本电脑上班，并将其连接到访客无线网络，但不能连接到与公司生产系统相同的网络。

你还应确保将这些策略应用于供应商笔记本电脑或可连接网络的移动设备等。

8.3.6 清洁桌面策略

清洁桌面策略规定，敏感信息不应该在桌面上存储过长时间，比如过夜或午休期间。在引入此类策略时，你还应讨论如何通过使用碎纸箱、数据销毁服务和介质粉碎机正确处理存储在物理介质（如纸张或磁带）上的敏感数据。

8.3.7 熟悉政策和法规知识

最后，但绝对不是最不重要的一点，如果希望你的用户遵守规则，你需要有效地与他们沟通。如果你只是向所有用户发送一封包含冗长策略链接的电子邮件，然后让他们证明已经阅读了该策略，那么可能不会真正起到教育作用。相反，你可以尝试将策略中最关键的部分压缩成笔记或着重点，以确保用户记住关键点。

此外，如果正在制作培训演示文稿，你可以试着让它更吸引人。例如，如果你有一个小时用于为新员工进行安全意识培训，你可以将讲课时间缩短至 30 分钟，然后在后半部分时间针对你刚刚介绍的内容进行一场互动问答游戏。一旦你通过将班级分成小组并增加奖励（比如奖励优胜者）来增加竞争元素，你就会创造出一个更有趣的环境。

你还可以通过海报、赠送钢笔或咖啡杯以及时事通信来吸引用户的注意。如果你通过重复和多样的途径展示信息，有可能对用户起到更好的效果。

8.4 小结

本章探讨了与信息安全人类因素有关的各种问题：仅靠技术手段无法解决的安全问题。无论是因为粗心大意还是有针对性的社会工程学攻击，都为企业员工构成了无法通过技术控制直接解决的安全挑战。

本章讨论了社会工程学攻击的类型，可大致了解攻击者如何利用这些技术从企业员工那里获取信息或强制执行未经身份验证的相关操作。此外，还介绍了如何建立安全意识和培训计划。与用户讨论的常见问题包括保护密码、识别社会工程学攻击和恶意软件、安全使用网络和个人设备，以及遵守清洁桌面策略。如果你让你的安全意识和培训计划变得引人入胜，那么随着时间的推移，这些信息更有可能会留在用户的脑海中。

8.5 习题

1. 为什么人是安全计划中的薄弱环节？
2. 定义尾随，为什么这会是个问题？
3. 如何在你的安全意识和培训工作中更有效地接触到用户？
4. 为什么不允许员工将个人设备连接到企业的网络？
5. 你如何培训用户识别钓鱼电子邮件攻击？

6. 为什么不对所有账户使用相同的密码很重要？

7. 什么是托词？

8. 为什么将公司笔记本电脑连接到酒店的无线网络会有危险？

9. 为什么点击 bit.ly 等服务的短 URL 会有危险？

10. 为什么使用强密码很重要？

第9章

物理安全

本章节主要讲述物理安全，即防护人员、设备和设施的安全措施。在大多数地方，人们所说的物理安全措施包括锁、栅栏、摄像机、警卫和照明等。在安全性较高的环境中，可能看到虹膜扫描仪、电子诱捕系统（一种门禁，需要通过两扇锁着的门方能进入大楼，类似于有两个入口的电话亭），或者是配备了存储证书的身份识别卡。

物理安全主要涉及三类资产防护：人员、设备和数据。当然，首要目标是人员防护。人本身就具有一定价值，且比设备或数据更难替换，当他们在各自的领域经验丰富并特别熟悉他们执行的工作和任务时尤其如此。

虽然本章将人员、数据和设备防护作为独立的概念进行讨论，但这三类元素的安全性却是紧密相关的。通常不能，也不应该，制订孤立元素类型的安全计划。

许多较大的组织通过实施一组统称为“业务连续性计划”（Business Continuity Planning，BCP）和“灾难恢复计划”（Disaster Recovery Planning，DRP）的策略和程序来保护其资产。业务连续性计划是指为确保关键业务功能在紧急状态下能够继续运行而制订的计划。灾难恢复计划是指为应对潜在灾难而制订的计划，包括在灾难打击期间和之后具体应该做些什么，比如在整个设施的地图上张贴疏散路线，或者在疏散情况下指示集会地点的标志。

9.1 识别物理威胁

在实施物理安全措施之前，必须先确定威胁。物理安全威胁通常分为图 9-1 所示的若干类别。

移动	烟和火	毒素	人员	能量异常
极端温度	气体	液体	生物体	抛射物

图 9-1　物理威胁的类别

Donn Parker 在《打击计算机犯罪》(*Fighting Computer Crime*) 一书中定义了其中七个类别——极端温度、气体、液体、生物体、抛射物、移动和能量异常。在书中，他还介绍了第 1 章中讨论的 Parkerian 六角模型。(虽然 Parker 的书已经写了十多年了，但我仍然认为这本书是安全从业者的必读刊物)。

本章将对人员、设备和数据所面临的威胁进行讨论。

9.2　物理安全控制

物理安全控制是指为确保物理安全而设置的设备、系统、人员和方法。物理控制有三种主要类型：威慑、检测和预防。每种方法都有不同的侧重点，但没有一种方法完全独立于其他方法，稍后将讨论这一点。此外，这些控制协同使用时效果最好。在大多数情况下，它们中的任何一个都不足以确保你的物理安全。

9.2.1　威慑控制

威慑控制旨在阻止欲侵犯其他安全控制的人，它们通常表示存在其他安全措施。威慑控制的例子包括公共场所贴的视频监控标签，以及居民区带有告警公司徽标的庭院标签，如图 9-2 所示。

这些标签本身并没有阻止不良行为的方式，但它们确实显示了这样做的潜在后果。这些措施有助于让正直的人保持正直。

9.2.2　检测控制

检测控制，如防盗报警器和其他物理入侵检测系统，用于感知和报告不良事件。这些系统通常检查未经授权的活动，如门窗打开、玻璃破碎、移动和温度变化。还可以使用它们来检查不良环境条件，如洪水、烟雾和火灾、停电或空气中的污染物。

图 9-2　威慑控制

检测系统中还可能包括人员或动物警卫，无论他们是在实际巡逻一个区域，还是使用摄像机或其他技术进行间接监控，如图 9-3 所示。

图 9-3　检测控制

使用警卫进行监控既有利弊也有弊。与科技系统不同的是，生物可能会分心，他们将不得不离开岗位去吃饭和上厕所。另外，警卫能够做出推断和判断，这可以使他们比技术解决方案更有效率或更具洞察力。

9.2.3　预防控制

预防控制使用物理手段来防止未经授权的实体破坏你的物理安全。机械锁是预防性安全的一个很好的例子，因为它们能够保护企业、住宅和其他地域，防止未经授权的访问，如图 9-4 所示。

其他预防控制措施包括高栅栏、护柱、警卫和警犬，它们既是检测控制又是预防控制。根据相关环境的不同，这些控制措施可能会专门针对人员、车辆或其他相关领域。

图 9-4　预防控制

9.2.4　使用物理访问控制

预防控制通常是安全工作的核心。在某些情况下，它们可能是唯一恰当的物理安全控制。例如，许多房子的门上都有锁，但没有告警系统或消息来阻止犯罪。

在商业设施中，更可能看到三种类型的控制，通常有锁、告警系统及告警系统标签。遵循深度防御原则，设置越多的合适物理安全层越好。

还应执行与资产价值一致的物理安全等级，如第 7 章所述。完全没必要使用高等级密码锁、告警系统和武装警卫来防护一个空仓库。同样，如果家中存放着昂贵的电子产品，装便宜的锁，完全放弃告警系统也没有意义。

9.3　人员防护

物理安全主要是为了保护维持企业运营的人员。在许多情况下，可以从备份系统中恢复数据，可以在旧设施被破坏或损坏时构建新设施，还可以购买新设备。虽然可以，但在合理的时间内替换有经验的人员是一件非常困难的事。

9.3.1　人的物理问题

与设备相比，人类相对脆弱。人容易受到图 9-1 所示的所有物理威胁的影响。

极端温度，甚至不那么极端的温度，都会很快让人变得不舒服，就像在某些液体、气体或毒素环境中一样。即使是过量的水也会造成伤害，例如，2018 年“佛罗伦萨”号飓风期间，美国南部发生洪水。

同样，氧气等气体的缺乏或过多也会很快对人员造成致命伤害。当少量使用某些化学品来过滤水时，这些化学品对我们有益，但如果化学品的比例或混合物发生变化，则对我们有害。

各类生物，从较大的动物到几乎看不见的霉菌、真菌或其他微生物，都可能对人类构成威胁。动物可能会咬人或蜇人、霉菌可能会导致呼吸问题。

重大移动对人是有害的，尤其是地震、泥石流、雪崩或建筑物的结构问题。能量异常也对人类造成极大威胁。例如，设备的屏蔽或绝缘维护不当、机械或电气故障，可能会使人们暴露在微波、电流、无线电波、红外线、放射物或其他有害辐射中。触电对人类造成的伤害即刻可以显现出来，而辐射对人类可能造成长期的影响。

某些人可能会对其他人造成最严重的威胁。一些不法分子可能在黑暗的停车场对你的员工进行人身攻击。在世界的某些地方可能会遇到内乱。人们还易受到社会工程学攻击（如第 8 章所讨论的攻击），攻击者可通过此类攻击从员工那里获取信息，在未经授权的情况下访问设施或数据。

烟雾和火灾会导致烧伤、烟雾吸入和温度（人在过热的情况下通常不能安心工作）等问题。特别是在大型设施中，烟雾和火灾会使该区域的物理布局变得混乱，并使人们难以寻找安全通道。如果高温致使物资、基础设施或建筑结构本身释放毒素、坍塌或本章节所述的其他威胁，问题则会恶化。

9.3.2　确保安全

由于许多数据中心使用危险化学品、气体或液体来灭火，因此设施管理员经常配备灭火系统保险装置，以防止在该区域有人时灭火。这些措施将保护人的生命置于设备和数据之上。

9.3.3　疏散

同样，在紧急情况下，应优先疏散设施中的人员，而不是保存设备。预划疏散流程是保证人员安全的最好方法之一。预划疏散时要考虑的主要原则是位置、方式和人员。

1. 位置

预先考虑疏散集中点。需要将所有人员转移至同一位置，以确保他们与事故现场保持安全距离，并确保能够掌控所有人员的情况。如果不能定期经常性开展此项工作，则无法确保所有人员安全。商业建筑中经常会贴有疏散标志和地图。

2. 方式

到达疏散集中点的路线也很重要。在规划路线时，应考虑每个区域最近出口的位置，以及备用路线，以防一些通道在紧急情况下被堵塞。还应避免穿越存在潜在危险或不可用的区域，如电梯或因防火门而自动封锁的房间。

3. 人员

当然，疏散最重要的部分是确保让所有人离开楼房，并确保知晓疏散人员情况。这一流程通常至少需要两人：一人确保所有人员都离开了办公场所，另一人确保所有人都已安全到达集中点。

4. 演练

特别是在大型设施中，整体疏散可能是一个复杂问题。在真正的紧急情况下，如果不能迅速和适当进行疏散，可能会失去大量的生命。

以 2001 年美国世贸中心遇袭事件为例。2008 年进行的一项研究确定，当告警响起时，大楼里只有 8.6% 的人撤离。其余人留在室内，收拾财物、关闭电脑，并执行其他类似工作。[⊖]重要的是，要训练人员在疏散信号发出后迅速并正确做出反应。

9.3.4　行政管控

大多数组织还将实施各种行政管控措施来保护人员。行政管控可以是由公司、联邦政府等权威机构制定的政策、指南、规程、法规、法律或类似的规则。

对求职者的背景调查是行政管控中常见的一种。这些调查通常包括查看犯罪记录、核实以前的工作和教育情况、信用检查和药物测试，具体取决于所应聘的职位。

⊖ McConnell, N.C., K.E. Boyce, J. Shields, E.R. Galea, R.C. Day, and L.M. Hulse. " The UK 9/11 Evacuation Study: Analysis of Survivors ' Recognition and Response Phase in WTC1. " Fire Safety Journal 45, no. 1 (2008): 21–34. https://www.sciencedirect.com/science/article/pii/S0379711209001180/.

某些公司还可能对员工进行各种重复检查，比如药物测试。当员工离职时，雇主通常会进行离职面谈，以确保员工已经归还了公司的所有财产，并取消了对系统或区域的访问权限。公司还可以要求个人签署文件，同意不对公司采取法律行动，或签署额外的保密协议（Nondisclosure Agreement，NDA）。

9.4　数据防护

数据安全仅次于人员安全。如第 5 章所述，加密是数据防护的主要方式。即便如此，仅靠加密是不够的；攻击者可能通过破解加密算法或获取加密密钥来访问数据。此外，加密不会保护数据不受各种物理条件的影响。

遵循第 1 章中介绍的深度防御概念，应添加额外的安全层，以确保物理存储介质不受攻击者、不利环境条件和其他风险的威胁。

9.4.1　数据的物理问题

不利的物理条件（包括温度变化、湿度、磁场、电流和物理影响）可能会损害物理介质的完整性。此外，每种类型的物理介质都有优缺点。

磁性介质，诸如硬盘驱动器、磁带和软盘等，结合移动和磁敏材料来记录数据。强磁场可能会损害磁性介质存储数据的完整性，特别是在介质没有任何金属外壳（如磁带）的情况下。此外，震动中的磁性介质（被读取或写入）会使媒介不可用。

闪存介质，即在非易失性存储芯片上存储数据的介质，更耐用。如果避免了可能会直接压碎存储芯片的撞击，如果保护芯片免受电击，它们就能更好地承受许多其他类型介质所不能承受的条件。它们对温度不是特别敏感，只要温度不至于极端到破坏介质的外壳，而且它们通常可以在液体中短暂浸泡（如果之后马上进行干燥处理）。人们专门设计了一些闪存驱动来应对极端条件（通常会损坏其他介质）。

光学介质，例如 CD 和 DVD 等，极为脆弱（极其容易遭受孩子破坏）。即使是介质表面的小划痕也可能使其无法使用。它对温度也极其敏感，因为它主要是由塑料和薄金属箔构成。在受保护的环境（如专门构建的介质存储库）之外，任何一种威胁都可能破坏光学介质。

存储介质的技术可能会过时。例如，索尼在 2011 年 3 月停止生产软盘。在此之前，该公司生产的新软盘占所有新软盘的70%。[1]今天，很少有计算机配备软盘读取驱动，短短几年，很难再找到读取这些软盘的硬件。

9.4.2 数据的可访问性

不仅要保护数据的物理完整性，还必须确保在需要时可访问这些数据。这通常意味着你的设备和设施必须保持正常运行状态，且存储数据的介质必须可用。本章提及的物理问题可能导致数据不可访问、不可用。

还存在一些与基础设施有关的实质性问题。例如，停机期间，无论是与网络、电源、计算机系统还是其他组件相关，你都可能无法远程访问你的数据。如今，许多企业都是全球性运营，因此，失去远程访问数据的能力，即使是暂时的，也可能产生严重的影响。

为确保数据的可用性，须备份数据以及用于访问数据的设备和基础架构。使用各种配置的廉价磁盘冗余阵列（Redundant Arrays of Inexpensive Disk，RAID）或廉价磁盘冗余阵列数组进行备份。廉价磁盘冗余阵列是一种将数据复制到多个存储设备以在任何一个设备被破坏时保护数据的方法。基础概念可查询计算机器协会（Association for Computing Machinery，ACM）数字图书馆[2]论文——《廉价磁盘冗余阵列案例》。

还可以通过网络将数据从一台计算机复制到另一台计算机，或将数据复制到备份存储介质（如DVD或磁带）上。

9.4.3 残留数据

你可以在需要时访问数据，也必须能够在不再需要数据时使其不可访问。例如，在丢弃一堆包含敏感数据的纸张之前，人们可能会记得将其撕碎，但往往会忘记处理存储在电子媒介上的数据。

2016年，Blancco利用从eBay和Craigslist购买的200块二手硬盘发起了一项研究。当研究人员分析磁盘内容时，发现其中许多仍存储着敏感数据，包括公司信息、

---

[1] Steven Musil. " Sony Delivers Floppy Disk's Last Rites. " CNET News, April 25, 2010. https://www.cnet.com/news/sony-delivers-floppy-disks-last-rites/.

[2] Patterson, David A., Garth Gibson, and Randy H. Katz. " A Case for Redundant Arrays of Inexpensive Disks (RAID). " In SIGMOD ' 88: Proceedings of the 1988 ACM Sigmoid International Conference on Management of Data. New York: Association for Computing Machinery. https://dl.acm.org/citation.cfm?id=50214/.

电子邮件、客户记录、销售数据、图片和社保号码等。在许多情况下，根本无人尝试从磁盘上擦除数据；在其他情况下，即使这样做了也是无效的。[1]

除了明显存储和容纳潜在敏感数据的设备外，可能还会在复印机、打印机和传真机等机器中发现残留数据，这些机器可能包含易失性或非易失性内存，通常为硬盘驱动器形式。在硬盘驱动器中，可能会找到未处理文档的副本，包括敏感商业数据。当停止使用这些类型的设备或将其送去维修时，请务必将存储介质上的数据删除。

9.5　设备防护

最后，保护好设备和其存放设施。“设备防护”在本章最后一节，因为它是最容易、最便宜的资产替换部分。即使一场重大灾难摧毁了设施和其中的所有计算机，只要仍有人员可运行操作并访问关键数据，很快就可以恢复工作状态。

虽然可能需要一段时间才能完全恢复，但通常情况下原址重建或搬迁到附近另一区域相对比较容易，而且计算机既便宜又充足。

9.5.1　设备的物理问题

尽管设备面临的物理威胁也很多，但总体比人员或数据受到的威胁要少。

极端温度——尤其是高温——可能会损坏设备。在包含大量计算机和相关设备的环境中，我们依靠环境调节设备将温度保持在合理的水平，通常在 15.5 ～ 21.1℃（60 ～ 70°F）之间（专家们仍在争论理想范围）。

液体，即使是少量的，如潮湿空气中的水，也可能损害设备。根据存在的液体种类和数量的不同，它可能会导致各种设备的腐蚀、电气设备的短路和其他有害影响。显然，在像发生洪水这样的极端情况下，任何浸入水中的设备通常都会变得完全无法使用。

*生物体*也可能损坏设备，尽管程度较小。设施中的昆虫和小动物可能会导致电路短路，干扰冷却风扇，咬坏电线，通常会造成严重破坏。

---

[1] Blancco. The Leftovers: A Data Recovery Study. 2016. Accessed July 2, 2019. https://www.blancco.com/resources/rs-the-leftovers-a-data-recovery-study/.

“别烦我”

1947年9月，人们开始使用“bug”这个词来表示计算机系统中的问题，当时有人发现一只飞蛾致使系统中的两个连接短路，引发系统故障。当工人清理飞蛾后，他们将系统描述为“debugged”（已排除故障）[⊖]。图9-5显示了上述讨论中的真实虫子（bug）。

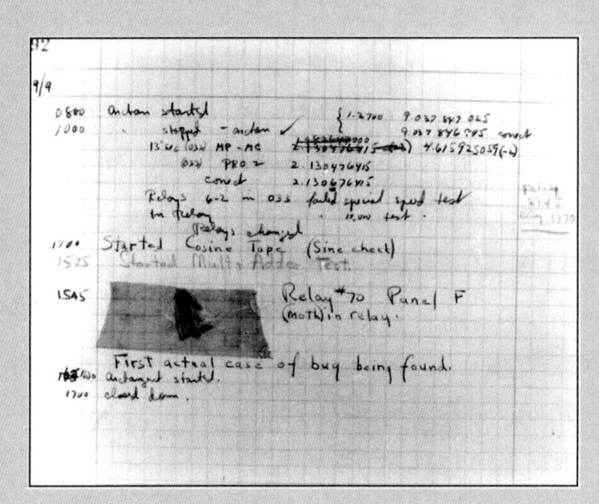
9/9
0800 Arctan started
1000 stopped - arctan ✓
13"uc (032) MP-MC
(033) PRO 2 2.130476415
correct 2.130676415
Relays 6-2 in 033 failed special speed test
in relay
11,000 test.
Relays changed
1100 Started Cosine Tape (Sine check)
1525 Started Mult + Adder Test.
1545 Relay #70 Panel F
(moth) in relay.
First actual case of bug being found.
1630 arctangent started.
1700 closed down.

图9-5　第一个计算机bug

移动，地面和设施结构移动可能会损坏设备。地震就是一个明显的例子。能量失调对所有类型的电气设备都有极大的危害，特别是在断电或送错电压的情况下。好的设施设计将提供一定程度的保护，以抵御这类威胁，但通常无法减轻严重电气问题的影响，比如雷击。

烟雾和火对设备有害，因为它们会导致极端温度、电气问题、移动、受潮（通常情况下，电子设备在潮湿时不能很好地工作），以及各种其他问题。不同的灭火方式可能会造成与火灾本身一样大的危害。

9.5.2　选址

规划新设施时，要考虑其位置。如果地点位于自然灾害多发地区，设施最终可能

⊖ Naval History and Heritage Command. “NJ 96566-KN The First ‘Computer Bug.’” US Navy, accessed July 2, 2019. https://www.history.navy.mil/content/history/nhhc/our-collections/photography/numerical-list-of-images/nhhc-series/nh-series/NH-96000/NH-96566-KN.html.

会无法使用或被摧毁。其他环境威胁可能包括内乱、电力或公用设备不稳定、网络连接不良或极端温度条件。

例如，如果设施设计得当，可通过安装电力滤波器和发电机来抵消电力问题，从而弥补一些问题。但是其他的，比如当地的温度，最终可能不是我们所能控制的。对于某些类型的设施，比如数据中心，拥有一个不存在问题的环境非常重要。如果遇到严重的环境问题，可能需要寻找其他地点。

9.5.3 访问安全

使用深度防御的概念，通过在设施内外的多个区域设置安全措施来保护设备或设施的访问安全。同样，根据现实环境来设置适当的障碍。军事设施的安全级别可能最高，小型零售店的安全级别可能最低。

通常，会看到设施周边设置的物理安全措施。最低级别措施可能为交通管控，以确保车辆不会非法进入某些禁区。例如，景观安全，可以包括树木、大石头和水泥花盆，放置在建筑物前面或车道旁边，以防止车辆进入。更安全的设施可能还会有围栏、混凝土栅栏和其他更明显的措施。这种控制通常具有威慑作用，但也可能是预防性的。

设施入口处，大楼门上可能会安装机械或电子锁。非公共建筑一般在营业时间保持正门不上锁，并在里面派驻保安或接待员。安全级别高的设施，门可能会一直锁着，需要使用通行证或钥匙方能进入大楼。

一旦进入设施，物理访问控制可能包括在大楼的内门或个别楼层上锁，以防止访客或未经授权的人自由进入整个设施。通常，设施将仅对因商业需求明确要进入机房或数据中的人员进行限制访问。在生物识别系统等领域，可能存在更复杂的物理访问控制。

9.5.4 环境条件

当涉及设施内的设备时，保持适当的环境条件对于持续运行至关重要。计算机可能对功率、温度和湿度的变化以及电磁干扰很敏感。在拥有大量设备的地区，至少可以说保持适当条件非常难。

建造这类设施的人通常会为它们配备应急电源，如发电机以及温度和湿度调节系统。不幸的是，这些控制系统价格昂贵，且一些小型设施可能不会配备适当设备。

9.6 小结

本章介绍了如何使用威慑、检测和预防措施来缓解物理安全问题。威慑措施旨在阻止那些可能侵犯安全的人，检测措施提示潜在入侵，预防控制在物理层面上阻止入侵发生。这些控制本身都不是一个完整的解决方案，但结合起来却可以确保安全。

在人员安全方面，怎样保护员工应该是你最关心的问题。虽然通常可更换数据和设备，但人不能被取代。保护人类的最好方法之一就是迅速将人员从危险的环境中转移。还可实施各种行政管控，以确保员工在工作环境中的安全。

在以技术为基础的企业中，保护数据应该是下一个优先事项。确保数据在需要时可用，并在不再需要时完全删除。选择使用廉价磁盘冗余阵列或可移动设备（例如，DVD 或磁带等）来保留数据备份以确保其可用性。

设备防护，虽然是最后考虑的事项，但仍是一项至关重要的任务。在选择设施的位置时，需要考虑相关威胁并实施缓解措施。采取必要措施来确保设施及其内部的访问安全。最后，保持适合设备的环境条件。

9.7 习题

1. 按照重要性顺序，物理安全的三个主要关注点是什么？
2. 三种主要的物理安全措施是什么？
3. 想使用廉价磁盘冗余阵列的原因是什么？
4. 物理安全最重要的关注点是什么？
5. 可实施哪种类型的物理访问控制来阻止车辆进入？
6. 列举三个可以起到威慑作用的物理控制案例。
7. 举例说明生物体如何对设备构成威胁。
8. 哪类物理控制可能包括锁？
9. 什么是残留数据？为什么在保护数据安全时会担心存在这些数据？
10. 人员防护的主要工具是什么？

第 10 章

网络安全

计算机网络是一组连接在一起以促进资源共享的计算机或其他设备。你可能每天都要依靠各种网络才能正常工作。人们通过网络进行控制，并使现代汽车、飞机、医疗设备、冰箱和无数其他设备的使用成为可能。网络使人们能够交流、导航、上学、玩游戏、看电视以及听音乐。如果没有一个安全稳定的网络系统，你享受的许多日常便利可能不再那么便利，或完全不便利。

你的网络可能面临被攻击的风险；它们还可能会受到基础设施或网络赋能设备错误配置的影响，甚至可能会受到简单中断的影响。世界上大多数地区都依赖于网络，因此失去网络连接及其提供的服务可能会让你窒息。最坏的情况是它可能会毁了你的生意。

2017 年 1 月，喀麦隆的内乱达到了一个高潮，在一个法语和英语都是官方语言的国家，爆发了大规模的抗议活动，原因是法语的主导地位。似乎是为了控制抗议者，政府故意切断了该国以英语为主的大片地区与全球网络的连接，致使该区域脱机约 93 天。[⊖]这类中断可能会对各个行业造成深远的影响，扰乱医疗保健、通信、就业、教育、购物和日常生活的许多其他方面。

尽管喀麦隆的情况可能是一个极端的例子，但规模较小的网络中断和其他故障每天都会在世界各地造成严重影响，其中一些问题可能是技术问题所致，其他原因可能来自我将在本章中讨论的特殊分布式拒绝服务（Distributed Denial-of-Service，DDoS）攻击（源自许多分布式来源的 DoS 攻击），或者是网络用户完全不知道的突发原因。

⊖ Kazeem, Yomi. " The Internet Shutdown in English-Speaking Parts of Cameroon Is Finally Over." Quartz Africa, April 20, 2017. https://qz.com/africa/964927/caemroons-internet-shutdown-is-over-after-93-days/.

本章将介绍可以用来保护网络的基础设施和设备，以及可以用来保护网络通信本身的方法。你还将了解有助于验证安全性的工具。

10.1　网络防护

你可以使用两种方法来保护你的网络和网络资源：一种是构建安全网络架构，使其能够抵御攻击或技术故障；另一种是在网络内部和周围安装各种设备，如防火墙和入侵检测系统。

10.1.1　设计安全的网络

正确地设计网络，可以完全防止某些攻击、缓解其他攻击，并在失败时减少受损程度。

网络分段是降低攻击影响的一种策略。网络分段，即将网络划分为多个称为子网的较小网络。你可以控制子网之间的流量，视情况允许或禁止流量，在必要时甚至可以完全阻止流量。正确分段的网络可以将某些流量纳入需要查看的网络部分，从而提高网络性能，并且可以辅助定位技术网络问题。此外，网络分段可以防止未经授权的网络流量或针对网络特别敏感的部位的攻击。

你还可以通过阻塞点或可以检查、过滤和控制流量的位置传输流量来保护网络。阻塞点可能是将流量从一个子网移动到另一个子网的路由器，或过滤通过网络或部分网络流量的防火墙，或过滤应用程序流量的应用程序代理，如 Web 或电子邮件。10.2 节将对其中一些设备进行详述。

在设计网络时创建冗余也有助于缓解问题。某些技术故障或攻击可能会导致部分设备（包括网络、网络基础设施或防火墙等边界设备）无法使用。例如，如果你的某个边界设备受到分布式拒绝服务攻击，无法采取太多措施来阻止它。可是，你可以切换到不同的网络连接，或者通过不同的设备路由流量，直到找到一个更长期的解决方案。

10.1.2　使用防火墙

防火墙是一种用于保持对进出网络的流量实施控制的机制。第一篇讨论这种思想的论文为杰弗里 • 莫格尔（Jeffrey Mogul）于 1989 年撰写的《简单灵活的数据报访问控制》(*Simple and Flexible Datagram Access Controls for Unix-Based Gateways*[㊀]),当时他在数字设备公司(Digital Equipment Corporation)工作。1992 年,数字设备公司创建了第一个款商用防火墙,即 DEC:SEAL[㊁]。

你通常会在信任级别发生变化的位置部署防火墙,就像内部网络和互联网之间的边界,如图 10-1 所示。你还可以在内部网络上安装防火墙,以防止未经授权的用户访问敏感的网络流量。

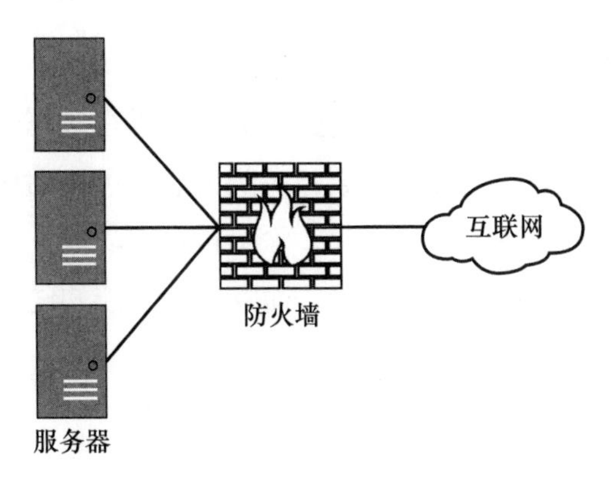

图 10-1　防火墙位置

目前许多防火墙的工作原理是检查通过网络传输的数据包(数据块),以确定可以传入或传出哪些数据包,它们基于多种因素做出决定。例如,它们是否允许流量通过,具体取决于用于让 Web 和电子邮件流量通过但会阻止其他所有流量的协议。在本节中,我将复习一下防火墙的具体类型。

1. 包过滤

包过滤是最古老且最简单的防火墙技术之一,这种类型的防火墙会单独查看流量中每个数据包的内容,并根据源和目标 IP 地址、端口号以及正在使用的协议来决定是否允许数据包通过。

由于包过滤防火墙会对每个数据包进行单独检查,而不是与组成流量的其他数据包一起检查,因此攻击者可通过发送涵盖多个数据包的流量来突破此类防火墙。针对

㊀ Mogul, Jeffrey C. "Simple and Flexible Datagram Access Controls for Unix-Based Gateways." USENIX Conference Proceedings, 1989.

㊁ Higgins, Kelly Jackson. "Who Invented the Firewall?" Dark Reading, January 15, 2008. https://www.darkreading.com/who-invented-the-firewall/d/d-id/1129238.

这种攻击，需要使用更复杂的检测方法来进行识别。

2. 状态数据包检测

状态包检测防火墙，或状态防火墙的工作原理与包过滤防火墙相同，但它们可以更精确地追踪流量。当包过滤防火墙检查缺少上下文的单个数据包时，状态防火墙可以监视给定连接上的流量。连接由源和目标 IP 地址、正在使用的端口以及已有的网络流量定义。

状态防火墙使用状态表来追踪连接状态（正常流量顺序），并且仅允许通过属于新连接或已建立连接的流量。这有助于防止某些会故意进行破坏的攻击流量，这些流量并不像一个适当的和预期的连接。大多数状态防火墙还可以用作包过滤防火墙，并且它们通常将这两种形式的过滤结合在一起。除了包过滤功能，状态防火墙还可以识别和追踪与用户发起的网站连接相关的流量，而且它们还能知晓连接关闭时间，这意味着此后不会再出现合法流量。

3. 深度包检测

深度包检测防火墙因能分析流经其流量的实际内容，故可为防火墙能力增加另一层智能。包过滤防火墙和状态防火墙只能查看网络流量的结构来过滤攻击和不良内容，而深度包检测防火墙可重组流量内容，以查看它将向目标应用程序传输什么内容。

打个比方，当你要寄包裹时，快递员会查看包裹的大小、形状、重量、包装方式以及发送地址和目的地地址。这通常就是包过滤防火墙和状态防火墙所做的事情。在深度数据包裹检测过程中，快递员将完成所有这些工作，并打开包裹检查物品，然后判断是否发货。

尽管这项技术能够阻止大量攻击，但也引发了隐私问题。理论上，控制深度包检测设备的人能够阅读你的电子邮件、查看网页浏览记录，并能够轻易监听即时消息会话。

4. 代理服务器

代理服务器是专门针对应用程序的特殊类型防火墙。这些服务器通常为邮件或 Web 浏览等应用程序提供安全和性能保障。通过充当阻塞点，代理服务器可以为它们后面的设备提供一层安全防护，而且允许用户记录通过它们的流量以供未来复查。代理服务器是请求的单一来源。

许多公司依赖代理服务器来阻止垃圾邮件到达用户的电子邮件账户，防止员工访问可能包含令人反感的内容的网站，并过滤掉可能表明存在恶意软件的流量，但这也降低了工作效率。

5. 隔离区 DMZ

隔离区（Demilitarized Zone，DMZ）是将设备与网络的其余部分隔开的一个防护层。你可以通过使用多层防火墙来实现这一点，如图10-2所示。在这种情况下，联网防火墙或可允许流量流经位于隔离区的Web服务器，但内部防火墙不允许流量从互联网流经内部服务器。

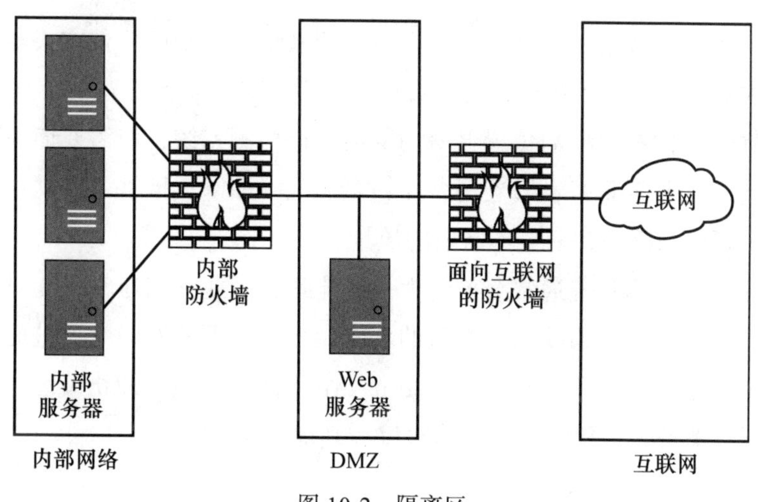

图10-2 隔离区

隔离区创建了一个区域，允许从外部访问公共服务器，同时为它们提供一定程度的防护，并限制来自这些服务器的流量渗透到网络中更敏感的部分。这有助于防止攻击者危害你的面向公众的服务器，并利用它们攻击其后面的其他服务器。

10.1.3 实现网络入侵检测系统

入侵检测系统（Intrusion Detection System，IDS）是监控网络、主机或应用程序是否存在未经授权活动的硬件或软件的工具。根据入侵检测系统检测方式的不同，可将其分为基于签名的检测和基于异常的检测。

基于签名的入侵检测系统，其工作原理与大多数反病毒系统类似。它们维护有可能发出攻击信号的签名数据库，并将传入流量与这些签名进行比较。通常此方法运行

良好——除非是新型攻击或为与现有攻击签名不匹配而专门构建的攻击。这种方法最大的缺点是，如果没有攻击签名，你可能根本看不到它。除此之外，攻击者通过开发欺骗流量来获取用户所使用相同入侵检测系统工具的访问权限，并可能测试针对这些工具的攻击，从而专门避开用户安全措施。

基于异常的入侵检测系统，通常可以确定网络上运行的正常类别流量和活动。然后，它们对照该基线来测量当前流量，以便检测不应出现在正常流量中的模式。这种方法可很好地检测新型攻击或为避开入侵检测系统而故意开发的攻击。另外，它可能会产生比基于签名的入侵检测系统更多的误报，因为它可能会标记导致异常流量模式或流量峰值的合法活动。

当然，你可以安装基于两种方式的入侵检测系统，以获取两种方式所含优点。虽然此入侵检测系统运行速度缓慢，会导致检测滞后，但可以更可靠地检测攻击。

通常可在能够监控流量的位置上增加网络入侵检测系统，但需要谨慎安装，这样才不会使要检查的数据量过载。在另一个过滤设备（如防火墙）之后放置一个网络入侵检测系统，可以消除一些明显不需要的流量。

由于网络入侵检测系统通常会检查大量的流量，因此它们通常只能对其进行相对粗略的检查，并且可能会漏掉某些类型的攻击，特别是那些专门为通过此类检查而精心设计的攻击。*包构造攻击*（*Packet Crafting Attack*）使用携带攻击或恶意代码的流量数据包，但旨在避开入侵检测系统、防火墙和其他类似设备检测。

10.2 网络流量防护

除了保护网络免受入侵外，还需要单独保护流经它们的流量。当通过不安全或不可信的网络发送数据时，窃听者可能会从你发送的内容中收集大量信息。如果使用的应用程序或协议没有对发送的信息进行加密，那么窃听者最终可能会盗取你的登录凭据、信用卡号码、银行信息和其他数据。

攻击者可以从有线和无线网络窃听数据，其难易程度具体取决于网络的设计。如果在一个不安全的网络上使用正确的工具，则或许可以解决存在的安全问题。

10.2.1 使用虚拟专用网络

虚拟专用网络（Virtual Private Network，VPN）可以帮助你在不安全的网络上发送敏感流量。*虚拟专用网络连接*通常称为隧道，是两点之间的加密连接。通常在一端使用虚拟专用网络客户端应用程序，在另一端使用称为*虚拟专用网络集中器*（VPN concentrator）的设备（简而言之，即客户端和服务器）来创建连接。客户端通常在互联网上使用虚拟专用网络客户端应用程序向虚拟专用网络集中器进行身份验证。一旦建立连接，连接虚拟专用网络的网络接口的所有交换流量都会流经加密的虚拟专用网络隧道。

员工可利用虚拟专用网络远程访问组织内部资源，在这种情况下，员工的设备就好像直接连接到组织内部网络一样。

你还可以使用虚拟专用网络来保护或匿名通过不可信连接发送流量，StrongVPN（https://strongvpn.com/）等公司向公众出售具有此类功能的服务。用户可使用这些功能来阻止互联网服务供应商记录你的流量内容，阻止同一网络上的人窃听你的活动，或者模糊你的地理位置并绕过面向位置的拦截。使用点对点（Peer-to-Peer，P2P）文件共享服务来共享盗版媒体的人有时会用虚拟专用网络隐藏他们的流量和 IP 地址。

10.2.2　保护无线网络上的数据

如果使用无线网络发送数据，你将面临几个特定的安全风险。今天，很多场所都提供免费 Wi-Fi。一般来说，公共无线网络是在没有密码或其他类型加密的情况下设置的——这些措施通常用来保护网络流量的机密性。即使设置了接入密码，比如在酒店，连接到酒店网络的其他人可能看到你的数据。目前，未经放大的 802.11 无线连接的传输范围约为 238 英里[㊀]。[㊁]

此外，有人可能在你不知情的情况下将无线设备连接到你的网络。未经授权的无线接入点（通常称为*流氓接入点*）存在严重的安全问题。例如，如果你在禁止无线连接的区域工作，例如安全级别高的政府设施，一名机智的员工可能会决定在办公桌下安装无线路由器，以使附近户外吸烟区可以连接 Wi-Fi。尽管他的意图可能是好的，但这个简单的行为可能已经使一整套精心规划的网络安全措施失效。

如果恶意接入点设置的安全性很差或根本没有安全性，善意的接入点安装程序将为范围内所有人提供一条绕过边界安全措施直接进入网络的便捷路径。网络 IDS 有可能发现流氓接入点的活动，但你不能保证它能发现。查找恶意设备的更好解决方案是

㊀ 1 英里≈ 1.609 千米。——编辑注

㊁ Kanellos, Michael. "New Wi-Fi Distance Record: 382 Kilometers." CNET News, June 18, 2007. https://www.cnet.com/news/new-wi-fi-distance-record-382-kilometers/.

仔细记录属于无线网络基础设施一部分的合法设备，并使用 Kismet 等工具定期扫描其他设备，我将在本章后面进行讨论。

当涉及网络上合法和授权的设备时，加密是保护流量的主要方法。你可以将 802.11 无线设备（最常见的无线网络设备系列）使用的加密分为两大类：有线等效隐私（Wired Equivalent Privacy，WEP）和 Wi-Fi 安全接入（WPA、WPA2 和 WPA3）。WPA3 是最新版标准。与其他常见加密类型相比，WPA3 更易于设置客户端设备，并提供更强大的加密，从而提高对暴力攻击和窃听的防护能力。[⊖]

10.2.3 使用安全协议

使用安全协议是数据防护最简单、最容易的方法之一。许多更常见的和旧版本协议，例如用于传输文件的文件传输协议（File Transfer Protocol，FTP）、用于与远程机器交互的 Telnet 以及用于检索电子邮件的邮局协议（Post Office Protocol，POP）对数据的处理都不安全。这类协议通常通过网络以明文（未加密数据）的形式发送敏感信息，如登录和密码。任何在网络上监听的人都可以从这些协议中提取流量，并轻松收集敏感信息。

许多不安全的协议都有安全的等价物，正如我将在第 13 章中详述的那样。简而言之，你通常可以根据传输流量类型找到相对应的安全协议。你可以使用 SSH 而不是通过 Telnet 执行命令行操作，也可以使用基于 SSH 的安全文件传输协议（Secure File Transfer Protocol，SFTP）而不是使用 FTP 传输文件。

SSH 是一种保护通信安全的便捷协议，因为你可以通过它发送多种类型的流量。如上所述，你可以将其用于文件传输和终端访问，以及在各种其他情况下（包括连接到远程桌面、通过虚拟专用网络通信以及挂载远程文件系统时）保护流量。

10.3 网络安全工具

你可以使用多种工具来提高网络安全性。攻击者依赖许多相同的工具来渗透网络，因此通过使用它们来定位网络中的安全漏洞，你可以先发制人地将攻击者拒之门外。

如今市场上有大量的安全工具，其中许多都是免费的，或者有免费的替代工具。许

⊖ Burke, Stephanie. "Wi-Fi Alliance Introduces Wi-Fi CERTIFIED WPA3 Security." Wi-Fi Alliance, June 25, 2018. https://www.wi-fi.org/news-events/newsroom/wi-fi-alliance-introduces-wi-fi-certified-wpa3-security/.

多都运行在 Linux 操作系统上，配置起来可能有点困难。幸运的是，你可以使用这些工具，而不必通过安装发行版 Security Live CD 进行设置，这些发行版是预配置所有工具的 Linux 版本。其中一个比较知名的发行版是 Kali，可从 https://www.kali.org/ 下载。

正如前几章所述，关键在于充分、定期评估漏洞，以便早于攻击者发现漏洞。如果只是偶尔浅层地执行渗透测试，你很可能无法察觉环境中存在的所有问题。此外，更新、添加或删除各种网络硬件设备和在其上运行的软件时，环境中存在的漏洞将发生变化。同样值得注意的是，你可能使用的大多数工具只能发现已知问题。新型或未发布的攻击或漏洞（通常称为零日攻击）仍然会出其不意地到来。

10.3.1　无线防护工具

正如本章前面所述，攻击者利用可绕过用户安全设置的无线设备来访问用户网络。如果用户不采取措施防范未经授权的无线设备（如流氓接入点），其网络可能会出现一个很大的安全漏洞，而且还察觉不到。

用户可以使用多种工具来检测无线设备。Kismet 是检测这类设备的最好的工具之一，它可以在 Linux 和 Mac OS 上运行，也可以在 Kali 发行版上找到。渗透测试人员通常使用 Kismet 来检测无线接入点，即使这些接入点隐藏得很好，也能找到它们。

用户可以使用其他工具突破无线网络上使用的不同类型加密。一些比较常见的用于破解 WEP、WPA 和 WPA2 的工具包括 coWPAtty 和 Aircrack-NG。

10.3.2　扫描器

扫描器是安全测试和评估行业的中流砥柱，是使用户能够询问设备和网络以获取信息的硬件或软件工具。扫描器可分为两大类：端口扫描器和漏洞扫描器。根据特定工具的不同，这些类型有时会重叠。

在网络安全中，人们倾向于使用扫描器作为发现环境中的网络和系统的工具。其中一个比较出名的端口扫描器是一款名为 Nmap 的免费工具，Nmap 是“network mapper”的缩写。虽然通常被认为是端口扫描器，但 Nmap 还可以搜索网络上的主机，识别这些主机正在运行的操作系统，并检测在开启端口上运行的服务版本。

10.3.3　包嗅探器

网络或协议分析器，也称为“包嗅探器”或“简易嗅探器”，是一种可以拦截（或嗅探）网络流量的工具。无论用户是否有意接收计算机或设备网络接口流量，嗅探器都可以进行监听。

> **注意**　Sniffer是NetScout（前身为Network General Corporation）的注册商标。我在本书中使用的术语是一般意义上的嗅探器。

要使用嗅探器，你必须将其放置在网络上的某个位置，使你能够看到想要嗅探的流量。在大多数现代网络中，流量的分段方式使你可能根本看不到大部分流量（除了从你自己的机器生成的流量）。这意味着你可能需要访问较高层的网络交换机，并且可能需要使用专门的设备或配置来访问你的目标流量。

Tcpdump为20世纪80年代开发的一款经典版嗅探器，是一个命令行工具。它还有其他几个关键功能，例如过滤流量的能力。Tcpdump只能在类UNIX操作系统上运行，但Windows系统可以运行名为WinDump的工具。

Wireshark以前称为Ethereal，是一款功能齐全的嗅探器，能够拦截来自各种有线和无线源的流量。它有一个图形界面，如图10-3所示，并包括许多过滤、排序和分析工具。它是当今市场上最受欢迎的嗅探器之一。

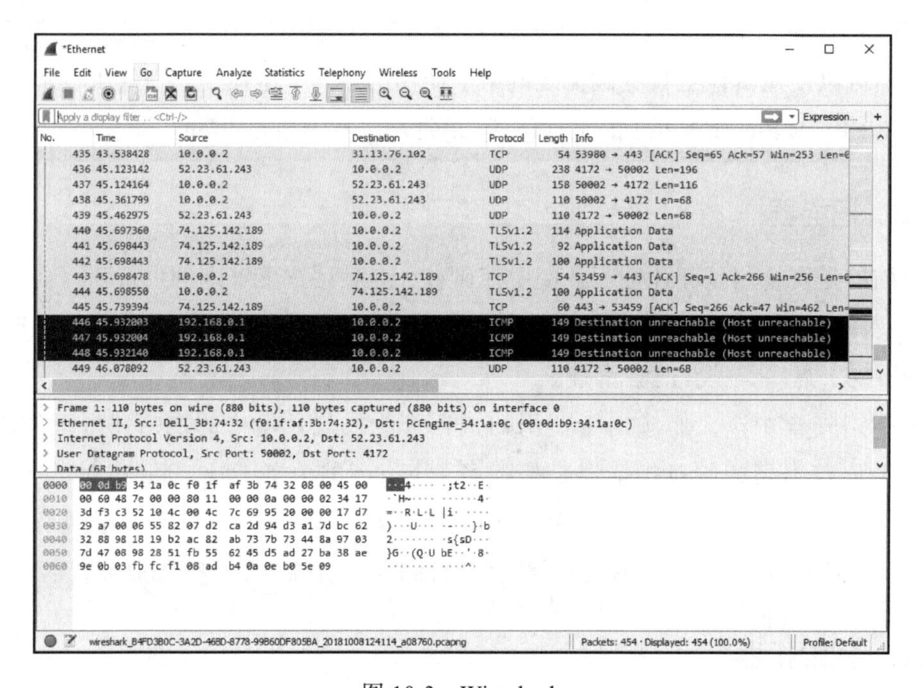

图10-3　Wireshark

你还可以使用本章前面讨论的工具 Kismet 来嗅探无线网络。

硬件版包嗅探器包括源于 Fluke Networks 的 OptiView 便携式网络分析器。虽然像这样装备齐全的便携式分析器可能会带来一些好处，比如增加捕获容量和能力，但它们通常很昂贵，远远超出了一般网络或安全员的预算。

10.3.4 蜜罐

蜜罐是网络安全武器库中颇具争议的工具，它是一种可以检测、监视，有时还可以篡改攻击者活动的系统。可将它们配置为故意显示虚假漏洞或材料，借此可引诱攻击者，例如故意不安全的服务、过时且未打补丁的操作系统或名为“绝密 UFO 文档”的网络共享。

当攻击者访问系统时，蜜罐会在攻击者不知情的情况下监视他们的活动。你可以设置一个蜜罐，以便为公司提供早期预警系统，发现攻击者的方法，或者作为监视恶意软件活动而故意布置的目标。

你还可以通过创建蜜罐的网络（称为蜜网）来扩展蜜罐结构。蜜网连接具有不同配置和漏洞的多个蜜罐，通常使用某种集中仪器来监控网络上的所有蜜罐。由于用户可以利用蜜网来复制各类操作系统和漏洞，因此可以了解大范围恶意软件活动。

有关蜜罐和蜜网的更多信息，参见 https://www.honeynet.org/ 中的蜜网项目（Honeynet Project），该项目可供用户查阅软件、研究结果和大量关于该主题的论文。

10.3.5 防火墙工具

网络工具包中还可能包含一些非常有用的工具，这些工具可以绘制防火墙的拓扑并帮助用户定位其中的漏洞。此类工具中较为好用的为 Scapy（https://github.com/secdev/scapy/）。它可以巧妙地构建 Internet 控制报文协议（Internet Control Message Protocol，ICMP）数据包，借此来规避某些防止你看到防火墙后面设备的常规措施，并可能允许你枚举其中的一些设备。你还可以编写 Scapy 功能脚本来操纵网络流量，并测试防火墙和入侵检测系统的响应机制，这可以让你了解它们所遵循的规则。

你也可以使用我在本节中讨论的其他一些工具来测试防火墙的安全性。你可以使用端口和漏洞扫描器从外部进行查看，以查找意外打开的端口或在开启端口上运行的含已知漏洞的服务。如果你可以在网络某个位置上安装嗅探器，还可利用其来检查流经防火墙的流量。

10.4 小结

你应该从多个角度来对网络进行防护。你可以使用安全的网络设计来确保你已正确划分网段，拥有用于监视和控制流量的阻塞点，并且可在需要它们的地方创建冗余。你还应该实施防火墙和入侵检测系统等安全设备，以保护网络内外的安全。

除了保护网络本身，你还需要保护网络流量。要做到这一点，你可以在使用不受信任的网络时使用虚拟专用网络来保护连接，实施无线网络特定安全措施，并应用安全协议。

各类安全工具可以帮助确保网络安全。使用无线网络时，可以使用 Kismet。还可以使用 Wireshark 或 Tcpdump 监听网络流量，使用 Nmap 扫描网络上的设备，并使用 Scapy 和其他类似实用程序测试防火墙。还可以在网络上放置一种叫作蜜罐的设备，专门用来吸引攻击者的注意，然后研究他们及其工具。

10.5 习题

1. 你可以使用 Kismet 工具来做什么？
2. 解释分段的概念。
3. 无线加密的三种主要类型是什么？
4. 你可以使用什么工具来扫描网络上的设备？
5. 你可以使用哪些工具来嗅探无线网络上的流量？
6. 你为什么要使用蜜罐？
7. 解释入侵检测系统中签名和异常检测之间的区别。
8. 如果需要通过不受信任的网络发送敏感数据，你会使用什么？
9. 你会用隔离区来保护什么？
10. 状态防火墙和深度包检测防火墙有何不同？

第 11 章

操作系统安全

当试图保护你的数据、进程和应用程序免受协同攻击时，你很可能会发现托管这些内容的操作系统存在弱点。操作系统是支持设备基本功能的软件。当前使用的主要操作系统是几种不同的 Linux 系统以及微软、苹果提供的服务器和桌面操作系统。如果不注意保护操作系统，就没有稳固的安全基础。

可通过若干方式缓解对操作系统的威胁。最简单的方法之一是*操作系统强化*，也就是减少攻击者可能查找到的系统漏洞。当你配置可能面临恶意操作的主机（个人计算机或网络设备）时，可以使用此方法。

还可以在操作系统（尤其是连接互联网的系统）上安装一些含防护功能的应用程序。其中最常见的是免受恶意代码攻击的反恶意软件。前面章节中讨论的软件防火墙和基于主机的入侵检测系统还可以阻止不需要的流量，或者在流量通过系统时发出告警。

其他安全工具可以通过查找后台运行的服务、定位包含可利用漏洞的网络服务以及检查系统来检测主机上的潜在易受攻击区域。

通过深入应用防御概念并结合这些努力，可以缓解主机上的许多安全问题。

11.1 操作系统强化

操作系统强化是信息安全中一个相对较新的概念，其旨在减少对操作系统发动攻击的途径。我们称这些区域的总和为*攻击面*[1]。攻击面越大，攻击者成功渗透防御的机

[1] Schneider, Fred B., ed. Trust in Cyberspace. Washington, DC: National Academies Press, 1999.

会就越大。

减少攻击面的 6 种方法如图 11-1 所示。

强化		
删除不必要的软件	删除不必要的服务	更改默认账户
使用最小权限原则	执行更新	实施日志记录和审计

图 11-1　操作系统强化的 6 种主要方法

我将向你详细介绍这些方法。

11.1.1　删除所有不必要的软件

安装在操作系统上的每个软件都会增加攻击面。如果想强化操作系统，应该仔细检查加载的软件，并确保所安装的是最低限度的软件。

例如，准备 Web 服务器，则需要安装 Web 服务器软件、支持 Web 服务器所需的库或代码解释器，以及涉及操作系统管理和维护的实用程序，如备份软件或远程访问工具。无须再安装其他应用。

再三思考

在更改操作系统设置、工具和软件时，一定要格外小心。所做的一些更改可能会对操作系统的运行方式产生意想不到的影响，任谁都不会想用一台重要计算机来验证会受何影响。更改前，需要仔细研究。

一旦在机器上安装了其他软件，即使是出于好意，问题也会开始出现。例如，假设你的开发人员远程登录到服务器。他需要对网页进行更改，因此他们安装了所需的 Web 开发软件。然后他需要评估这些更改，以便安装他最喜欢的网络浏览器和相关媒体插件，如 Adobe Flash 和 Acrobat Reader，以及一个视频播放器来测试一些视频内容。很快，系统不仅包含了本不该存在的软件，而且软件很快就会过期，因为没有得到 IT 部门的官方支持和维护而没有打补丁或更新。此时，网络计算机上有一个相对严重的安全问题。

11.1.2　删除所有不必要的服务

同样，还应该删除或禁用不必要的服务（系统启动时自动加载的软件）。许多操作系统附带各种服务，用于通过网络共享信息、定位其他设备、同步时间、允许访问或传输文件以及执行其他任务。各类应用程序还可能安装一些服务，以提供程序运行所需的工具和资源。

尝试关闭服务是一项复杂的工作，需要进行一些实验。在许多情况下，这些服务的名称并不能说明它们的实际功能，追踪它们的功能可能需要做一些研究。开始的最佳方法之一是确定网络端口，因为这通常可以让你了解开放端口后有什么。例如，如果系统正在侦听端口 80，你可能正在寻找 Web 服务器服务。许多操作系统都有内置的实用程序可以让你做到这一点，比如微软操作系统上的 netstat 或 Nmap（详见第 10 章）。

除了定位网络上的设备外，Nmap 还允许你确定给定系统正在侦听的网络端口（https://nmap.org/）。在系统的命令行中运行以下 Nmap 命令：

```
nmap <IP address>
```

将 <IP Address> 替换为设备的 IP 地址，将看到如图 11-2 所示的结果。

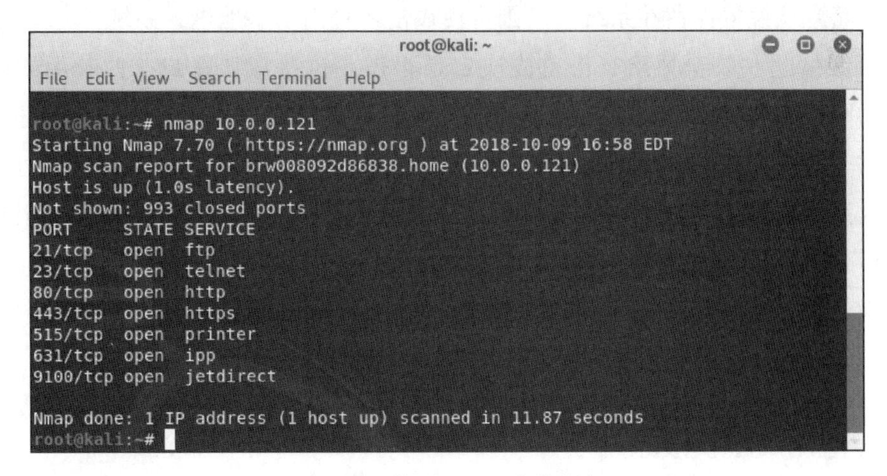

图 11-2　使用 Nmap 定位服务

图 11-2 显示了系统上运行的几种常见服务，如下所示：

- 端口 21：文件传输协议（File Transfer Protocol，FTP），允许传输文件。
- 端口 23：Telnet，允许远程访问设备。

- 端口 80：超文本传输协议（Hypertext Transfer Protocol，HTTP），用于提供 Web 内容。
- 端口 443：超文本传输安全协议（Hypertext Transfer Protocol Secure，HTTPS），为使用安全套接字协议（Secure Sockets Layer，SSL）或安全传输层协议（Transport Layer Security，TLS）保护的网页提供服务。

同时还打开了其他几个端口，运行的服务表明本例中的设备为打印机。可以使用此信息作为关闭不需要服务的起点。例如，如果你不打算允许远程访问系统或服务网页目录，则需要注意端口 21、23、80 和 443 处于打开状态。你可以尝试在哪里对它进行重新配置，以避免运行不需要的服务。

11.1.3　更改默认账户

许多操作系统都带有标准账户。这些账户通常包括相当于来宾账户和管理员账户的账户，也可能存在其他账户，例如，供支持人员使用的账户或允许特定服务或运行实用程序的账户。

某些情况下，默认账户的操作权限可能过于宽松，当攻击者获取访问权限时，可能会造成很大的麻烦。默认账户可能有标准密码，也可能根本没有密码。如果允许这些账户以其默认设置保留在系统中，则可使攻击者轻而易举地进入系统。

为了缓解这些安全风险，应首先决定是否需要这些默认账户，并禁用或删除不会使用的账户。你通常可以关闭或删除来宾账户和支持账户，而不会造成问题。对于通常具有管理员或根（administrator、admin 或 root）等名称的管理账户，你可能无法在不导致系统故障的前提下安全地将其从系统中删除，或者操作系统可能会阻止你这样做。但是，你可以重命名这些账户，以使试图利用它们的攻击者感到困惑。最后，无论如何都不应该在账户上保留默认密码，因为这些密码通常有文档记录，且众所周知。

11.1.4　应用最小权限原则

如第 3 章所述，最小权限原则限制了使用者对系统及数据进行存取所需的最小权限。操作系统可能会在不同程度上将此概念付诸实践。操作系统可在不同程度上实施这一原则。

大多数现代操作系统将任务分为需要管理权限的任务和不需要管理权限的任务。

一般来说，在普通操作系统中，用户可读写文件，或许还可执行脚本或程序，但他们只能在文件系统的特定受限部分内执行这些操作。用户通常不能修改硬件的运行方式，不能更改操作系统本身所依赖的文件，也不能安装可能更改或影响整个操作系统的软件。通常需要管理访问权限才能执行这些活动。

UNIX 和类 Linux 操作系统的管理员往往严格执行这些特性。尽管管理员可以允许所有用户具有管理员权限，但很少这样做。在微软操作系统上，情况通常恰恰相反。微软操作系统的管理员通常更倾向于授予用户管理权限。虽然微软在使其操作系统可供非管理用户使用方面做得更好，但这两个管理员在观念上仍存在很大差异。

当允许普通系统用户以管理权限正常工作时，可能会遇到各种各样的安全问题。如果用户执行受恶意软件感染的文件或应用程序，他们将以管理员身份执行此操作，这意味着该程序可以更自由地更改安装在主机上的操作系统和其他软件。如果攻击者攻破了用户账户，并且该账户已被授予管理权限，那么攻击者则拥有系统密钥。当允许访问主机上的管理权限时，几乎任何类型的攻击（从任意源发起）都会产生更大的影响。

相反，如果将系统上的权限限制为用户执行其所需任务所需的最低权限，那么将大大缓解某些安全问题。在大多情况下，攻击者试图攻击有限权限账户的做法往往会失败。这是一种廉价、容易实施的安全措施，而且实现起来也很简单。

11.1.5　执行更新

须定期及时更新操作系统和应用程序来增强操作系统的安全性。研究人员定期开发新型攻击，如果不应用操作系统和应用程序供应商发布的安全补丁来缓解这些漏洞，则很容易遭受攻击。

可定期查看互联网上有关恶意软件的新闻[1]，来了解这方面的实际示例。许多恶意软件会因漏洞补丁过期而继续传播。虽然安装软件更新时会谨慎行事，但在安装前进行测试是一件好事，不过长时间延迟更新却不明智。

确保系统正确打补丁的最关键时刻之一就是在完成安装之后。如果将新安装且未打任何补丁的系统连接到网络，系统可能会在短时间内受到威胁，即使是在内部网络上也是如此，因为系统缺少最新的补丁程序和安全配置。在这种情况下，最佳做法是将补丁程序下载到可移动介质上，并在将系统连接到网络之前使用该介质为系统打补丁。

---

[1] Trend Micro home page. Accessed July 2, 2019. https://www.trendmicro.com/vinfo/us/security/news/malware/.

11.1.6 启用日志记录和审计

最后，且非常重要的一点是，应该为系统配置并启用适当的日志记录和审计功能，例如记录失败登录尝试的功能。尽管配置此类服务的步骤可能会因操作系统及其预期用途的不同而略有不同，但通常需要能够准确、完整地记录系统上发生的重要过程和活动。你应该记录重要事件，例如执行管理权限、用户登录和注销系统（或登录失败）、对操作系统所做的更改以及类似活动。

附加功能可补充操作系统中拥有此目的的内置工具。监视工具，可提醒系统本身问题或系统或应用程序日志中可能显示的各种异常。完整的日志记录体系结构可监控多台机器的活动，或者简单地维护系统外日志的远程副本，以帮助确保拥有所有活动的未更改记录。

同样，要注意，查看日志是该过程的重要部分。如果收集日志，却从不进行查看，那么还不如不收集。

11.2 防范恶意软件

世界上的网络、系统和存储设备上存在着数量惊人的恶意软件。使用这些工具，攻击者可以使系统瘫痪、窃取数据、进行社会工程学攻击、勒索用户和收集情报，以及进行其他攻击。

近期，出现了一个特别复杂且有影响力的恶意软件 Triton。它于 2017 年 11 月首次被发现，企图破坏工业系统中异常操作条件响应机制，随后造成直接伤害。[⊖]Triton 的目标为存在于包括核设施在内的各种系统中的装置，并有可能造成灾难性破坏。

要保护操作系统免受恶意软件的攻击，可使用此处列出的一些工具。

11.2.1 反恶意软件工具

与第 10 章中讨论的入侵检测系统一样，大多数反恶意软件应用程序通过将文件与签名匹配或异常活动监测来检测威胁。反恶意软件工具往往更依赖签名而不是检测异常（在反恶意软件领域通常称为*启发式*），这在很大程度上是因为签名更容易编写、检测更可靠。应用程序供应商通常每天至少更新一次恶意软件签名，或者在需要时更

⊖ Sentryo. " Analysis of Triton Industrial Malware. " March 27, 2018. https://www.sentryo.net/analysis-of-triton-industrial-malware/.

频繁地更新，因为恶意软件变化很快。

发现恶意软件时，反恶意软件工具可能会终止所有关联的进程，并删除检测到的文件或将其隔离，使其无法执行。其他时候，它可能只是简单地保留文件。反恶意软件工具有时会检测到其他非恶意软件的安全工具或文件，其未来可能会被忽略。

人们通常会顺其自然或为遵守策略将反恶意软件工具安装在各个系统和服务器上。反恶意软件工具还可能安装在代理服务器上，以过滤掉流量中的恶意软件。这在电子邮件代理上很常见，因为恶意软件通常使用电子邮件进行传播。反恶意软件工具可能会完全拒绝电子邮件，将恶意软件从邮件正文中剥离，或者删除有问题的附件。

11.2.2　可执行空间保护

可执行空间保护是一种防止操作系统和应用程序使用内存某些部分来执行代码的技术。这意味着典型攻击，如缓冲区溢出（详见“什么是缓冲区溢出？”部分）。其可能根本不起作用，这取决于能否在劫持的内存部分中执行它们的命令。许多操作系统还使用地址空间布局随机化（ASLR），这是一种转移使用内存目录的技术，因此篡改它变得更加困难。[⊖]

什么是缓冲区溢出？

缓冲区溢出攻击的工作原理是输入比应用程序预期更多的数据。例如，在预期只有 8 个字符的字段中输入 10 个字符，如图 11-3 所示。

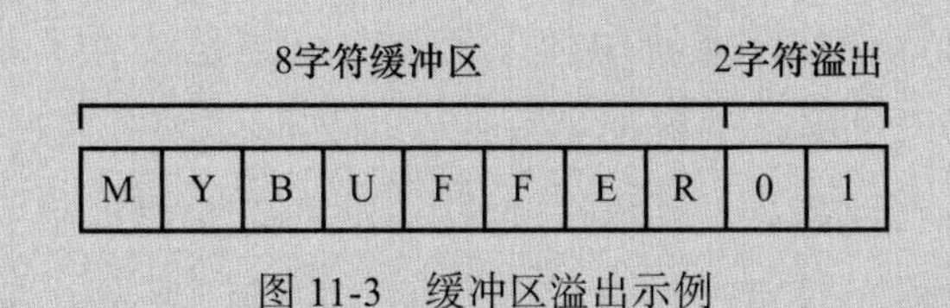

图 11-3　缓冲区溢出示例

根据应用程序的不同，额外的两个字符可能会写入内存中的某个位置，可能会覆盖其他应用程序或操作系统使用的内存位置。有时可以通过专门定制多余的数据来执行命令。

⊖ Barrantes, E.G., D.H. Ackley, T.S. Palmer, D.D. Zovi, S. Forrest, and D. Stefanovic, “Randomized Instruction Set Emulation to Disrupt Binary Code Injection Attacks.” In CCS'03: Proceedings of the 10th ACM Conference on Computer and Communications Security. New York: Association for Computing Machinery, 2003.

可执行空间保护需要两个组件才能起作用：硬件和软件。英特尔和 AMD 这两家主要的 CPU 芯片制造商都有可执行的空间保护组件。英特尔称其为执行禁用（XD）位，AMD 称其为增强型病毒防护。

许多常见的操作系统，包括微软、苹果和若干 Linux 发行版，都实现了可执行空间保护软件组件。

11.2.3　软件防火墙和主机入侵检测

我已经讨论过在网络上使用防火墙和入侵检测系统来检测和过滤不需要的流量。你还可通过执行类似工具在主机级增加一安全层。虽然网络防火墙和入侵检测系统通常是在网络上执行特定用途的设备，但它们执行的实际功能是通过设备上的专用软件而实现的。你可以将类似的软件直接安装到连接网络的主机上。此外，在主机上和主机外都使用防火墙和 IDS 可以增强安全层。

正确配置的软件防火墙为连接网络的主机增加了有用的安全层。这些防火墙通常只包含可能在大型防火墙设备上找到的部分功能，但它们通常能够进行类似的数据包过滤和状态数据包检测。它们的范围从内置在普通操作系统中相对简单的版本，到旨在在公司网络上使用的大型版本，包括集中监控和相当复杂的规则和管理选项。

基于主机的入侵检测系统分析主机网络接口上或指向主机的网络接口上的活动。它们具有许多与基于网络的入侵检测系统相同的优点，但操作范围大大缩小。与软件防火墙一样，这些工具的范围可能从简单的个人用户模型到复杂得多的商业版本。

集中管理的主机入侵检测系统中的一个潜在缺陷是，对于要向管理机制实时报告攻击的软件，需要通过网络进行信息通信。如果问题主机通过同一网络受到攻击，那么软件可能无法执行此操作。可尝试通过从设备向管理机制发送常规信标来缓解此问题，如果信标没有出现就会出现问题，但这可能不是一个完整的方法，因为没有消息并不总是好消息。

11.3　操作系统安全工具

许多可以用来评估网络安全的工具（详见第 10 章）都可以帮助评估主机安全。例如，可使用扫描器检查主机与网络上的其他设备的交互方式，或者可以使用漏洞评估工具帮助检测出易受攻击的应用程序或服务特定区域，或者有人使用你的系统中已有的工具来破坏你的系统安全。虽然不能在本节对所有工具进行详细描述，但将重点介绍几个。

11.3.1　扫描器

可使用第 10 章中提到的扫描工具来检测主机中的安全缺陷。例如，可查找正在运行的开放端口和服务版本，检查服务在连接时显示的旗标，以提供有关软件版本等信息，或者检查系统在网络上显示的信息。

本章的前几章节，在讨论操作系统强化时，了解了如何使用 Nmap 来发现具有服务侦听的端口。Nmap 有很多用途，可提供大量信息。例如，特定供应商或版本信息。图 11-4 显示了使用以下命令针对网络打印机执行 Nmap 扫描的结果：

```
nmap -sS -sU -A -v 10.0.0.121
```

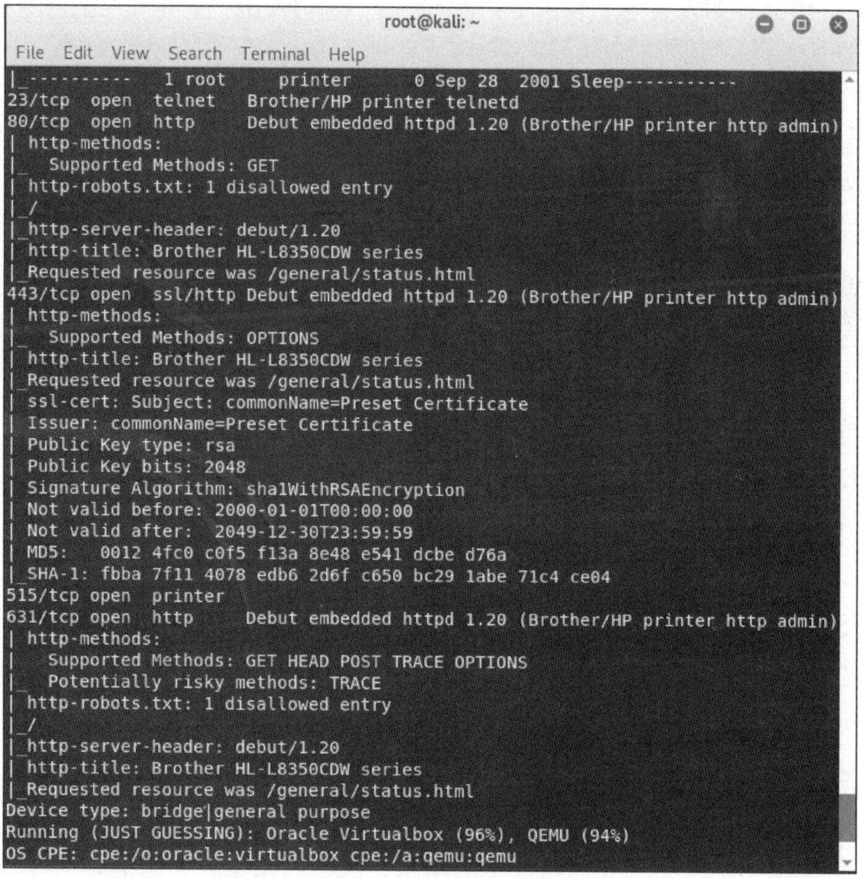

```
root@kali: ~
File  Edit  View  Search  Terminal  Help
|_----------   1 root     printer      0 Sep 28  2001 Sleep-----------
23/tcp  open  telnet   Brother/HP printer telnetd
80/tcp  open  http     Debut embedded httpd 1.20 (Brother/HP printer http admin)
| http-methods:
|_  Supported Methods: GET
| http-robots.txt: 1 disallowed entry
|_/
|_http-server-header: debut/1.20
| http-title: Brother HL-L8350CDW series
|_Requested resource was /general/status.html
443/tcp open  ssl/http Debut embedded httpd 1.20 (Brother/HP printer http admin)
| http-methods:
|_  Supported Methods: OPTIONS
| http-title: Brother HL-L8350CDW series
|_Requested resource was /general/status.html
| ssl-cert: Subject: commonName=Preset Certificate
| Issuer: commonName=Preset Certificate
| Public Key type: rsa
| Public Key bits: 2048
| Signature Algorithm: sha1WithRSAEncryption
| Not valid before: 2000-01-01T00:00:00
| Not valid after:  2049-12-30T23:59:59
| MD5:   0012 4fc0 c0f5 f13a 8e48 e541 dcbe d76a
|_SHA-1: fbba 7f11 4078 edb6 2d6f c650 bc29 1abe 71c4 ce04
515/tcp open  printer
631/tcp open  http     Debut embedded httpd 1.20 (Brother/HP printer http admin)
| http-methods:
|   Supported Methods: GET HEAD POST TRACE OPTIONS
|_  Potentially risky methods: TRACE
| http-robots.txt: 1 disallowed entry
|_/
|_http-server-header: debut/1.20
| http-title: Brother HL-L8350CDW series
|_Requested resource was /general/status.html
Device type: bridge|general purpose
Running (JUST GUESSING): Oracle Virtualbox (96%), QEMU (94%)
OS CPE: cpe:/o:oracle:virtualbox cpe:/a:qemu:qemu
```

图 11-4　Nmap 结果

在此情况下，我使用 `-sS` 运行 TCP SYN 端口扫描，使用 `-sU` 运行 UDP 端口扫描。我启用了操作系统检测、版本检测和脚本扫描（`-A`），并在运行时启用了详细输出（`-v`）。如果尝试使用此命令，你会注意到完成此命令所需的时间比我之前运行的命令要长得多。

在图 11-4 中，端口列表显示了几个额外的端口，以及关于正在运行的特定服务和版本的大量信息。返回的 `http-title` 说明这是 Brother HL-L8350CDW 系列打印机。有了这些信息，可以增加攻击有问题设备的成功率。

你找到了什么？

在启用操作系统检测的情况下用 Nmap 扫描时，你可能会注意到，它报告发现的设备指纹运行异常甚至完全错误。有时，Nmap 的操作系统指纹可能会有一点偏差，因此，如果有些东西看起来很奇怪，最好使用另一个工具验证 Nmap 的输出。

除了 Nmap 中内置的功能外，你还可以使用 Nmap 脚本引擎创建自定义 Nmap 功能。Nmap 脚本引擎是一种自定义语言和脚本引擎，使你能够向 Nmap 添加功能。Nmap 是一款功能强大的工具，拥有一系列令人眼花缭乱的交换机、特性和功能。幸运的是，在 https://nmap.org/book/man.html 上也有一组很好的文献可供参考。

11.3.2 漏洞评估工具

漏洞评估工具通常包含许多与 Nmap 等工具类似的功能，试图查找和报告具有已知漏洞的主机上的网络服务。

OpenVAS（http://www.openvas.org/）是一种常见扫描工具。你可以从命令行使用 OpenVAS，但是它也有一个叫作 Greenbone 的实用图形界面，如图 11-5 所示。OpenVAS 可在目标上执行端口扫描，然后尝试确定打开的端口上正在运行哪些服务（以及哪些版本）。然后，OpenVAS 将报告给定设备可能存在漏洞的特殊列表。

OpenVAS 包括一个端口扫描器，可以找到侦听服务，以便可识别其中的漏洞。

11.3.3 漏洞利用框架

“漏洞利用”是可利用其他软件中的缺陷，使其以创建者意想不到的方式运行的小软件包。攻击者通常利用漏洞获得对系统的访问权限或获得这些系统上的附加权限。作为安全专业人员，还可以使用这些工具和技术来评估自己系统的安全性，以便在攻击者发现问题前进行修复。

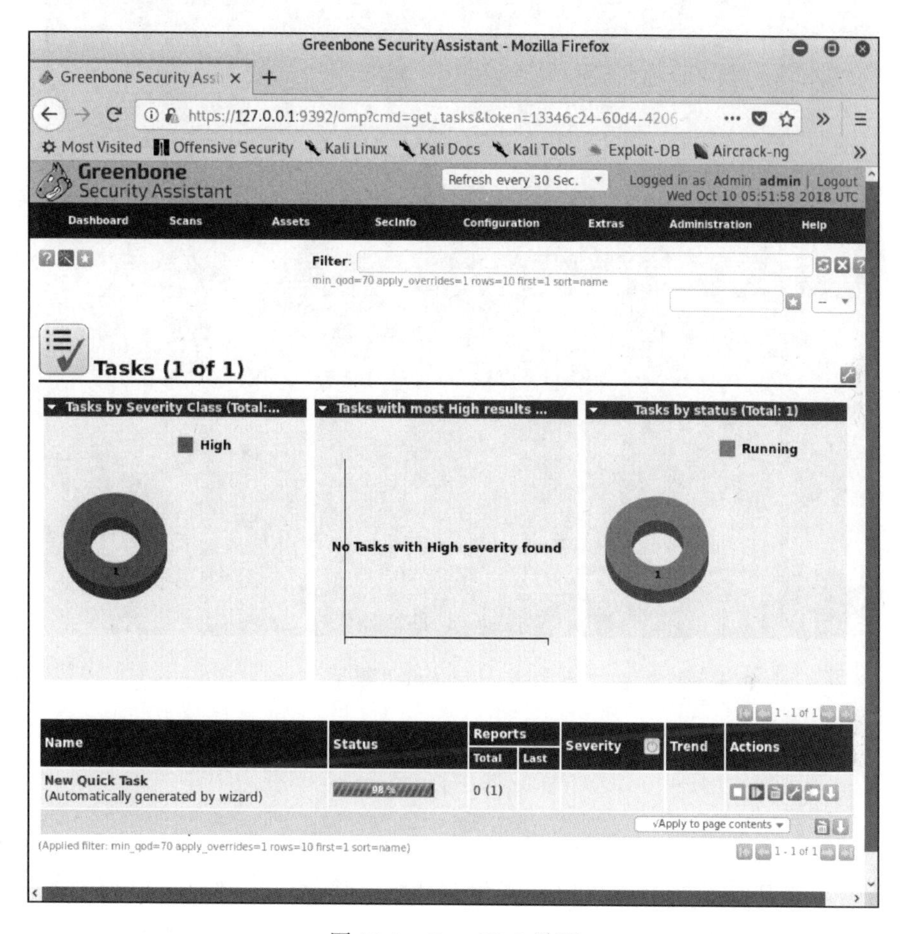

图 11-5　OpenVAS 界面

漏洞利用框架集成了预先打包的漏洞利用和工具（如网络映射工具和嗅探器）。这些框架使漏洞利用变得简单，并且使你可以访问漏洞利用中的一个较大库。漏洞利用框架在 21 世纪前几年开始流行，而且现在仍然很强大。值得注意的安全漏洞检测工具有 Rapid7 的 Metasploit（如图 11-6 所示）、Immunity CANVAS 和渗透测试工具 Core Impact。

许多漏洞利用框架都是图形界面工具，你可以使用与其他应用程序功能大致相同的方式来运行这些工具。你甚至可以配置一些工具来自动查找和攻击系统，并在它们获得额外访问权限时进一步扩散到网络中。

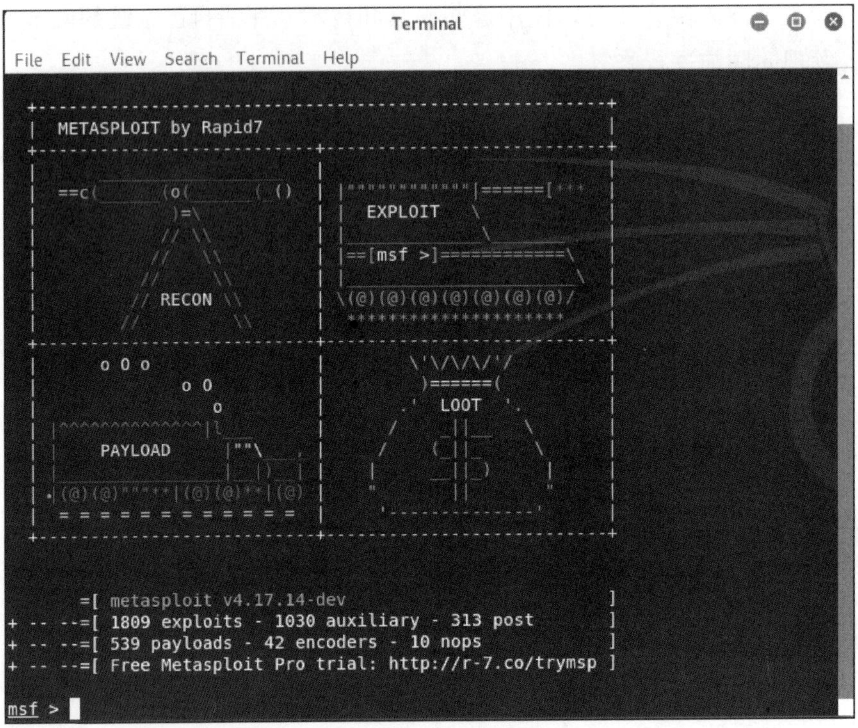

```
Terminal
File Edit View Search Terminal Help

| METASPLOIT by Rapid7 |

RECON    EXPLOIT    [msf >]
PAYLOAD    LOOT

       =[ metasploit v4.17.14-dev                         ]
+ -- --=[ 1809 exploits - 1030 auxiliary - 313 post       ]
+ -- --=[ 539 payloads - 42 encoders - 10 nops            ]
+ -- --=[ Free Metasploit Pro trial: http://r-7.co/trymsp ]

msf >
```

图 11-6 Metasploit 框架

11.4 小结

要保护你的操作系统，你可以从强化它开始。强化包括删除所有不必要的软件和服务、更改系统上的默认账户、应用最小权限原则、经常更新软件以及执行日志记录和审计。

还可以运行其他软件来保护操作系统。反恶意软件工具可以检测、预防和删除恶意软件，并且可将防火墙技术直接用于主机，以便在进入或离开网络接口时过滤掉不需要的流量。还可以安装主机入侵检测系统，以检测通过网络发起的攻击。

最后，可利用各种安全工具来查找安全漏洞。有几种扫描工具（如 Nmap）可提供有关系统及其运行软件的信息。漏洞评估工具（如 OpenVAS）可以定位服务或网络启用软件中的特定安全漏洞。此外，你还可以使用 Metasploit 等漏洞利用框架来攻击系统，以获得对它们的访问权限或提升你的权限等级。使用攻击者使用的一些相同技术可以帮助你发现并缓解安全问题。

11.5 习题

1. 地址空间布局随机化有什么作用？

2. 什么是漏洞利用框架？

3. 端口扫描器和漏洞评估工具有什么不同？

4. 解释攻击面的概念。

5. 如果网络上已经存在防火墙，为什么还要在你的主机上安装防火墙？

6. 什么是操作系统强化？

7. 什么是执行禁用位，为什么要使用它？

8. 可执行空间保护为你做了什么？

9. 最小权限原则如何应用于操作系统强化？

10. 从 https://www.nmap.org/ 下载并安装 Nmap，使用 ZenmapGUI 或命令行对 scanme.nmap.org 进行基本扫描（`nmap <IPaddress>` 是一个很好的起点），看一下哪些端口处于开放状态？

第 12 章

移动、嵌入式和物联网安全

迄今为止，我一直假定要保护的是传统台式或笔记本电脑中的信息。然而，一些易受攻击的设备也可能位于口袋、暖气和空调系统、安全系统、医院、房间、汽车和一系列令人眼花缭乱的其他地方。这就是为什么安全计划应该包括移动设备、物联网设备和嵌入式设备。物联网设备，如相机或医疗设备，是不需要运行完整桌面操作系统的联网设备。嵌入式设备是在其他设备内部运行的计算机，例如汽车控制器。这些技术通常很不起眼，没有人注意到，但却无处不在。

许多情况下，人们忽视了与这些设备相关的安全问题，因为这些设备要么无处不在，如智能手机，要么很少被人想到，如医疗设备。然而，当它们受到危害时，后果可能非常尴尬，也可能会致命。攻击者通过危害这些系统，可以盗取被攻击者的图片库，还可能导致经常性停电，致使半个国家处于黑暗状态，又或者增加胰岛素泵的剂量，使其致命。

本章节将对这三个领域进行讨论，它们都存在自身安全问题，其中一些类似于其他章节中所讨论过的问题，有些则是独有的。

12.1　移动安全

随着移动设备的普及，其存在的安全漏洞越来越多。这些设备拥有强大的硬件资源和功能，而且它们通常全时连接某类网络。它们有规律地进出环境，在没有人注意的情况下存储和传输数据，而且不一定遵守基础安全措施，而这些措施通常存在于传统、非移动计算机上。

移动设备包括绝大部分运行 iOS 或安卓系统的智能手机和平板电脑，以及各种头戴设备和智能手表。人们使用移动设备收发电子邮件、上网冲浪、编辑文档、看视频或玩游戏、听音乐，简而言之，这些功能大多与台式计算机相同。

移动设备和计算机之间的界限已经变得非常模糊。一方面，一些智能手机的处理能力和存储能力与计算机不相上下，并且拥有类似的操作系统。另一方面，一些如小型超薄笔记本“树莓派”(Raspberry Pi) 等设备，硬件小、耗电少。有些甚至运行移动操作系统，如安卓。既然区分这些设备是一个设计理念问题，而不是物理性能问题，那么它们的安全问题与其他设备同样重要。

12.1.1 保护移动设备

也就是说，人们通过几种特定的方式保护移动设备。通常，企业会同时使用软件和某种策略来维持移动设备的安全。

1. 移动设备管理

组织环境中使用的许多设备都有一套完善的工具和功能，使你可以对其进行集中管理。集中管理意味着这些设备处于维护它们的主系统控制之下。通过集中管理，你可以自动修复漏洞、升级软件、强制用户定期更改密码、管理和跟踪已安装的软件，并将设备的设置调整为特定策略规定的标准。

对于移动设备，你通常可以通过外部管理解决方案（称为移动设备管理、企业移动性管理或统一端点管理）来完成这些任务，具体取决于功能和供应商偏好的细微差别。随着时间的推移，这些解决方案已经扩展到台式计算机和服务器操作系统。

管理解决方案的确切架构因供应商而异，但大多数供应商都使用移动设备上的代理（一种软件）在设备上强制执行特定配置。这些代理通常管理对企业资源（如电子邮件、日历或网络资源）的访问，如果客户端异常、设备被盗或用户被解雇，它们可以中断客户端的访问。此外，许多管理解决方案允许你远程擦除设备（完全擦除或仅擦除公司数据），或完全禁用设备。

随着移动设备和非移动设备之间的区别变得越来越小，管理解决方案供应商已经开始支持一些传统上的非移动设备，使你可以使用相同的工具和技术远程管理移动和非移动设备。

2. 部署模型

大多数组织都有自带设备（Bring-Your-Own-Device，BYOD）策略，用于规范在工作场所使用个人和公司设备。该策略可能只允许公司设备与企业资源交互，仅允许个人设备与企业资源交互，或介于二者之间。

仅允许使用公司拥有的移动设备可以使组织更容易集中管理这些设备。例如，使用移动设备管理解决方案，可以禁止使用个人电子邮件和文件共享应用程序，并禁止用户安装与业务无关的应用程序。你还可以强制用户安装更新或安全补丁，并定期更改密码，从而实现更安全的移动环境。我们通常将公司所属的移动设备称为公司所属的商业专用设备（Corporate-Owned Business Only ，COBO）或公司所属的个人支持设备（Corporate-Owned Personally Enabled，COPE），这取决于你是否可以出于个人原因使用它们。

另外，如果只允许使用个人设备，而不使用移动设备管理来管理它们，那么你将不会拥有许多这样的能力。某些工具还提供了一些额外的安全功能，例如允许远程删除数据而无须主动监视它们，但精明的技术人员或许能够破坏这样的措施。虽然资源最少的小型组织可能会使用此方法来管理复杂的移动基础设施，但对于大型企业来说，这可能不是最佳选择。

许多组织允许混合使用个人设备和公司设备，有时会限制个人设备的某些能力。你可能允许更安全、更可信的设备访问更多的资源，同时仍然允许人们在其个人设备上访问电子邮件等基本服务，前提是他们同意使用管理工具管理这些设备，并接受一组合理的安全特征要求。

12.1.2 移动安全问题

移动设备面临几个具体的安全问题。本节虽不能详尽描述所有问题，但概述了一些最常见的风险领域。

1. 基带操作系统

每个现代移动设备在可见的操作系统下面还有一个操作系统，叫作基带操作系统。这些微型操作系统在其自身的处理器上运行，通常负责处理手机的硬件，如无线电、通用串行总线（Universal Serial Bus，USB）端口和全球定位系统（Global Positioning System，GPS）。基带操作系统的类型根据其运行的处理器而有所不同，并且这类操作系统通常是设备制造商的专有系统。这种缺乏标准化，再加上不频繁的设备更新（我会马上讲到这一点），通常在设备的生命周期内，可能产生持续数年的漏洞。

鉴于基带操作系统在设备的“正常”操作系统之外工作，攻击者可以利用它们进行各种攻击。例如，2018 年 10 月，攻击者通过基带操作系统和手机运营商使用的 7 号信令系统（Signaling System No. 7，SS7）协议[㊀]监视美国总统特朗普的手机，包括路由电话和短信等。SS7 协议于 1975 年开发，在那个时代，安全并不属于其设计目标的一部分。

不幸的是，如果设备制造商不更新，用户就无法直接修复这些漏洞，只能设置额外的控制来弥补，例如在设备上进行额外的加密或应用程序分段。

2. 越狱

对移动设备进行越狱或获取 root 权限，意味着对设备进行修改，以消除设备制造商在设备上设置的限制。通常情况下，这样做是为了打开常规无法访问的特征，如管理员访问权限，以及安装设备供应商未批准的应用程序。

通常，可通过一系列开发绕过设备的安全特征来完成越狱。为了让越狱能在重新启动后继续保持，通常必须禁用这些安全特征，或者修复设备上的文件以完全删除它们。移动设备通常有多层安全措施，而持久的越狱通常需要在操作系统的核心——内核上打一个永久性的洞。当然，这将使设备更易受到恶意应用程序和来自外部的攻击。

供应商发布的新操作系统通常包括最新的越狱漏洞补丁。随着供应商发布新测试版操作系统，越狱开发人员开始研究新一代越狱，这个循环还在继续。

欲想停止设备越狱，可将其添加到外部管理解决方案，该方案会安装内部应用程序以提供附加安全层。部分可能能够完全阻止越狱，或者至少发出越狱警告提示。移动反恶意软件应用程序也可能提供一定程度的保护。

3. 恶意应用程序

恶意应用程序可能会危及移动设备的安全。移动应用程序在安装时通常需要权

㊀ Oberhaus, Daniel. “ What Is SS7 and Is China Using It to Spy on Trump’s Cell Phone? ” Vice, October 25, 2018. https://vice.com/en_us/article/598xyb/what-is-ss7-and-is-china-using-it-to-spy-on-trumps-cell-phone/.

限；通常，它们可以访问敏感信息、登录到其他应用程序、阅读电子邮件和使用网络连接。

如果使用未越狱设备，并从标准操作系统应用商店下载应用程序，用户可能会认为设备安全，但事实并非如此。供应商为阻止恶意程序进入应用商店而采取的措施不可能万无一失。2018 年 1 月，Risk IQ 研究人员对苹果和谷歌应用商店中的数千个应用进行研究，发现了数百个恶意加密货币应用程序（旨在从用户那里窃取货币）。[㊀]

更糟糕的是，专门为越狱设备设计的应用程序来自暗网。虽然正常的供应商应用商店已经采取了安全措施，且对其中的应用程序进行了一定程度的审查，但这些非官方应用程序没有这样的保护。它们可在用户不知情的情况下，在后台、用户界面之外运行。

为了防止恶意应用程序的攻击，用户应该坚持使用官方应用程序，避免使用越狱设备。苹果应用商店的应用程序通常比其他应用程序更安全，因为苹果对其可安装的应用程序有更高标准。用户也可以使用反恶意软件应用程序来提供额外的保护。

4. 更新（或缺乏更新）

最后，移动设备及其应用程序的更新可能会导致严重的安全问题——特别是没有更新时尤其如此。

人们依赖设备制造商发布对主操作系统和基带操作系统的更新，但这些更新并不总能及时进行，或者根本不会更新。通常情况下，制造商会持续更新一台设备两年或三年，随后就很少发布新的更新，或者再也不发布更新，因为卖一台新设备比更新旧设备更有利可图。

苹果设备的表现往往略好于大多数设备，但就连苹果的更新也在几年后变得不那么频繁。谷歌对安卓操作系统的授权较为宽松，通常会将更新留给设备制造商，因此会有所不同。此外，设备更新的描述通常缺乏具体细节，因此细微更新（如用于修复特定安全问题的更新）可能很难了解更多信息。

应用程序更新也可能会有问题。除了设备附带的应用程序外，用户根本不能保证应用程序开发商会更新应用程序或修复安全问题，特别是当涉及较小的应用程序时。

㊀ Browner, Ryan. " Hackers Are Using Blacklisted Bitcoin Apps to Steal Money and Personal Data, According to Research. " CNBC, January 24, 2018. https://www.cnbc.com/2018/01/24/hackers-targeting-apple-google-app-stores-with-malicious-crypto-apps.html.

在一定程度上，用户可以自己管理更新问题。可通过仔细选择供应商提供的设备（在一段时间内拥有更好的更新记录）来更长时间地保持这些设备的安全。目前，苹果和谷歌对其销售设备会更频繁地进行更新和操作系统升级。对于应用程序来说，情况也是如此——来自较大供应商的应用程序随着时间的推移，更新的可能性更高。

12.2　嵌入式安全

嵌入式设备是包含在另一设备（通常执行单一功能）中的计算机。嵌入式设备包罗万象，从电脑控制你前几天开车经过的洗车场，到维持糖尿病患者健康的胰岛素泵。即使是一些较新的 LED 手电筒内部的驱动器也是微型嵌入式设备。这些设备遍布于我们身边，你必须在非常极端的条件下才能避开它们。

12.2.1　嵌入式设备使用场景

我已经谈到了在哪里可以找到嵌入式设备。现在让我们看一下它们的一些更常见的用例。

1. 工业控制系统

工业控制系统和监控与数据采集系统通常使用嵌入式设备。工业控制系统是指控制工业流水线的系统。监控和数据采集系统是一种专门对系统进行远程监控的工业控制系统，通常是与公用事业和其他基础设施有关的系统。[一]

这些系统控制着我们的供水系统、核电站、输油管道和各种其他关键基础设施。如果攻击者控制或干扰它们，其影响可能会波及物理世界。上一章中讨论的 Triton 针对的是工业控制系统。2007 年的“震网”病毒（Stuxnet）是攻击这类系统的另一个很好的例子。Stuxnet 据信是美国和以色列政府的联合项目，对伊朗铀浓缩设施的控制系统进行了专门的攻击。[二]病毒对离心机控制系统进行了干扰，加快了离心机转速，使其摇晃直到出现故障。同时，病毒还阻止了检测此类异常的传感器与可终止异常活动的

[一] Miessler, Daniel. “An ICS/SCADA Primer.” Daniel Miessler (blog), February 4, 2016. https://danielmiessler.com/study/ics-scada/.

[二] Ivezic, Marin. “Stuxnet: The Father of Cyber-kinetic Weapons.” *CSO*, January 22, 2018. https://www.csoonline.com/article/3250248/cyberwarfare/stuxnet-the-father-of-cyber-kinetic-weapons.html.

安全系统之间的交互。[一][二]

虽然这些设备表面上有很高的安全性，但其中很大一部分是隐匿式安全，这是我在前几章中讨论过的一个概念。工业控制系统通常以特有的实时操作系统（Real-Time Operating System，RTOS）运行，类似于移动设备中使用的基带操作系统，基于许多相同的原因，具有许多相同的安全问题。

通常，这些设备在气隙网络上运行，所谓气隙网络是指没有直接与外部连接的网络。Stuxnet 攻击的伊朗控制系统就运行在此类网络上，但这并没有使其免于感染。假设该设施的工作人员缺乏安全教育，便可以通过受病毒感染的 USB 驱动器绕过这些控制。

2. 医疗器械

含嵌入式系统的医疗器械可包括生命体征监视器、起搏器及胰岛素泵等。与工业控制系统一样，这些设备通常运行实时操作系统（RTOS），需要最小的用户界面或专门的接口设备来与它们交互。

虽然植入胸内的心脏设备（保持心脏正常工作）看起来可能不像一台电脑，但它与办公桌上的电脑有着相同的安全需求，但实际上，心脏设备跟人关系更密切。2018 年 10 月，美国食品和药物管理局（Food and Drug Administration，FDA）对使用美敦力公司（Medtronic）心脏植入型电子器械（一种起搏器）的患者和医生发出告警。[三]美国食品和药物管理局发现，该设备的编程人员在下载更新时没有与制造商进行安全沟通，这可能会为攻击者操纵编程人员或设备本身的设置留下缺口，包括向其发送修改后的固件。

这样的攻击可能是致命的。不幸的是，就像其他设备一样，整个行业缺乏标准化，在某种程度上，这些设备的隐秘性和专有性质导致产品不如我们经常使用的桌面

㊀ Broad, William J., John Markoff, and David E. Sanger. " Israeli Test on Worm Called Crucial in Iran Nuclear Delay. " The New York Times, January 15, 2011. https://www.nytimes.com/2011/01/16/world/middleeast/16stuxnet.html.

㊁ 就在译者翻译本节的当天，美国当地时间 2021 年 5 月 9 日，其最大的成品油管道运营商 Colonial Pipeline 在当地时间 5 月 7 日因受到勒索软件攻击，被迫关闭东部沿海各州供油的关键燃油网络。当地时间 5 月 13 日，该公司最终向黑客组织 DarkSide 交付 500 万美元赎金用于解密遭受攻击的数据。——译者注

㊂ US Food&Drug Administration. " Cybersecurity Updates Affecting Medtronic Implantable Cardiac Device Programmers: FDA Safety Communication. " October 11, 2018. https://www.fda.gov/MedicalDevices/Safety/AlertsandNotices/ucm623184.htm.

操作系统和应用程序安全。这些设备的用户数量远不及较流行的操作系统，而且也不容易被攻击者和安全研究人员轻易触及。你可以将它们视为操作系统世界中精致的温室兰花。

3. 汽车

汽车可含多达 70 个通过网络进行交互的嵌入式设备。这些设备的交互网络称为控制器局域网总线。控制器局域网（Controller Area Network，CAN）总线最初开发于 20 世纪 80 年代初，随着车辆变得越来越复杂和计算机化，其已经经历了几次修改。

例如，汽车的安全气囊系统就是利用控制器局域网总线，因为汽车含大量碰撞传感器，监测碰撞情况，并通过网络将这些事件传达给安全气囊控制系统。在打开安全气囊之前，安全气囊控制系统可能还会查询乘客检测系统，查询车内哪些座位有乘客，以及座位的尺寸对乘客来说是否安全。

这得益于查理·米勒（Charlie Miller）和克里斯·瓦拉塞克（Chris Valasek）等人的研究，安全行业几年前开始关注汽车黑客攻击。米勒和瓦拉塞克成功地远程控制了一辆被黑客入侵的切诺基吉普车。他们使它加速，使刹车失灵，甚至控制了方向盘，当时坐驾驶员位置的《连线》(*Wired*) 记者虽然知道会发生什么，但依然受到惊吓。[⊖]

显然，这类攻击的后果很可怕。每当你离开家，四周都是车，仅仅是这样一个问题就会让很多人处于危险之中。

想更深入地了解控制器局域网总线和相关设备、它们的安全性以及如何破解它们，可阅读克雷格·史密斯（Craig Smith）的《汽车黑客手册》（*Car Hacker's Handbook*），这本书对我没有详述的技术进行了深入的解读。

12.2.2　嵌入式设备安全问题

嵌入式设备面临一些特定的安全问题，我将在本节中进一步讨论。

1. 升级嵌入式设备

嵌入式设备的升级过程可能会带来一系列令人关注的挑战。在许多情况下，你根本不能升级嵌入式设备，或者即使可以升级，通常也很难。由于这些设备通常不联

⊖ Greenberg, Andy. " Hackers Remotely Kill a Jeep on the Highway—With Me in It." Wired, July 21, 2015. https://www.wired.com/2015/07/hackers-remotely-kill-jeep-highway/.

网，因此用户不能自动进行更新。

可用一个专门的外部设备来更新一些设备，比如前面讨论的起搏器，但这也有它的挑战。如果存在问题，或不能像智能手机或台式电脑那样，完全重置嵌入式设备或拿它去维修。对于心脏起搏器而言，或可能不愿意频繁更新控制它的软件，因为受糟糕更新的影响，可能会致人“心碎”(字面上)。

至于硬件，工程师通常期望所有嵌入式硬件都能在设备生命周期内使用（有几个例外，例如工业控制系统中的设备，通常根据运行需求对它们进行更换）。如果没有安全召回或包含它的较大设备的授权修复，你未必能有很多机会来进行升级。为了防止此类漏洞，你应该确保依赖于嵌入式系统的硬件是最新版本，至少处于制造商仍可修复的状态，尽管这样做的成本可能很高。

2. 物理影响

嵌入式设备通常不仅缺乏必要保护，而且一个被攻击的嵌入式设备可能会产生巨大影响。本节曾讨论了遭黑客攻击的吉普车和伊朗铀离心机的案例。这些可能只是冰山一角。许多设备可能会影响人类的安全，即使一些行业，如与汽车、医疗及工业控制系统相关的行业，已开始加固其嵌入式系统，来抵御蓄意攻击。由于这类系统的流行，致使存在许多潜在目标。

除了设备特殊和行业特殊的问题外，政府还可在国家支持的攻击中利用涉及嵌入式设备的安全问题。Stuxnet是这方面的第一个公开例子。由于嵌入式设备控制着电力、热量、水、卫生设施、食品生产和无数其他系统，当国家之间的分歧升级时，它们很可能成为攻击目标。

最近，供应商和政府都开始对这些设备给予更多关注。许多公司，如SANS（https://ics.sans.org/），目前为过去非常专业的工业控制系统提供安全培训。

不幸的是，如果制造商没有进行更新或修复，用户则不能保护物理世界免受嵌入式设备的影响。在某些情况下，你可以尝试按具体情况来安装某类补偿控制，例如添加中间安全层（如防火墙）来保护设备。

12.3　物联网安全

物联网（Internet of Things，IoT）设备很常见，而且正变得越来越普遍——逐渐融入烤面包机、冰箱和其他设备，这样人们就可以在互联网上控制它们。当然，随之而来的是一系列安全问题。

12.3.1 何为物联网设备

1999 年，凯文·艾什顿（Kevin Ashton）在与麻省理工自动标识中心（Auto-ID Center）合作时创造了“物联网”这一术语。[㊀]该术语指的是，他认为越来越需要提供网络连接来跟踪和连接各种部件和设备。今天，我们用这个词来指代没有运行完整桌面操作系统的互联网连接设备。

这个术语覆盖的范围很宽泛，由于物联网世界仍较为前沿，与之相关的许多概念和想法都可解释。让我们简要谈谈几种比较常见的物联网设备。

1. 打印机

虽然网络打印机在办公室和家中很常见，但人们往往注意不到。我们经常把它们视为类似烤面包机的东西，而实际上，它们是很复杂的设备，和其他计算机一样，带有操作系统，能够在一个或多个网络上进行交互，并且有很多漏洞可让攻击者有机可乘。打印机一般在小型嵌入式设备（用于驱动打印机硬件）上运行实时操作系统。惠普激光打印机（Hewlett-Packard LaserJet）运行 LynxOS 操作系统。[㊁]这些设备侦听各种端口并运行常见服务，如 FTP、Telnet、SSH 和 HTTP/HTTPS，还有一些打印设备特有的服务。此外，它们常含有线和无线网络适配器。打印机通常还配备合理数量的内存和存储空间，以支持发送给它们的大型打印作业。

虽然对这些设备的攻击并不是很常见，但它们偶尔也会受漏洞影响。最近发现的漏洞为 KRACK 漏洞，允许攻击者窃听无线发送到这些设备的流量，并访问敏感文档。[㊂]

2. 监控摄像头

网络监控摄像头是另一种常见设备，经常存在漏洞。一些供应商很好地开发和维

㊀ McFarlane, Duncan. “ The Origin of the Internet of Things.” RedBite (blog), June 26, 2015. https://www.redbite.com/the-origin-of-the-Internet-of-things/.

㊁ Lynx Software Technologies. “ HP Uses the LynxOS® Real-Time Operating System. ” Accessed July 2, 2019. http://www.lynx.com/hp-laserjet-printers/.

㊂ HP Customer Support–Knowledge Base. “ HP Printing Security Advisory—KRACK Attacks Potential Vulnerabilities. ” Hewlett-Packard, January 9, 2018, updated January 12, 2018. https://support.hp.com/us-en/document/c05872536.

护了他们的摄像头模型，但另一些供应商却不这样。你只需花费很少的钱在一个非常普通的平台（通常是Linux）上运行几个服务，就可以简单地构建一个联网的摄像头。某些制造商在开发这些设备时很少进行测试，他们通过修改其他项目的源代码来开发他们的产品。

这些设备通常具有简单的默认管理证书、允许未经授权使用设备的后门，或者大量的安全漏洞和错误配置。恶意软件可以很容易地利用这些漏洞对其他设备进行攻击，或者作为进入环境更深层部分的入口。

3. 物理安全设备

物理安全设备包括智能锁等工具，这些工具可以连接到网络（通常是蓝牙或低功耗蓝牙)，并允许你通过移动应用程序或其他软件打开和关闭锁。

智能锁省去了随身携带钥匙或记住密码的不便。在某些情况下，只需将你的移动设备放在锁的范围内就可以打开锁；你根本不需要采取任何直接操作。正如可预期的那样，这并不总有助于设备的安全。

2018年7月，Pen Test Partners公司对Tapplock（https://tapplock.com/）智能锁（可通过手机应用程序开启）进行了研究。该公司发现，发送到设备的解锁代码是静态的，而且可以重放。这意味着即使没有相关的应用程序，也可以直接通过蓝牙解锁设备。他们还了解到，解锁代码依赖于设备广播的MAC地址，攻击者很容易计算出来。[一]雪上加霜的是，另一名研究人员在Tapplock背后的API中发现了漏洞，该漏洞允许攻击者封锁账户，检索应用程序上次解锁的物理位置，并通过应用程序解锁。[二]

如果试图把所有设备都变成物联网设备，则很可能会面临这样的漏洞。虽然从智能锁中获得了便利，但把一个像锁一样的设备放在一个开放的应用程序接口后面，任何拥有联网计算机的人都可以直接访问，这会导致严重的漏洞。即使你非常努力地增加安全性，也总会有漏洞存在，而且总会有人利用它们。

㊀ Tierney, Andrew. “Totally Pwning the Tapplock Smart Lock.” Pen Test Partners, June 13, 2018. https://www.pentestpartners.com/security-blog/totally-pwning-the-tapplock-smart-lock/.

㊁ Stykas, Vangelis. “Totally Pwning the Tapplock Smart Lock (the API Way).” Medium, June 15, 2018. https://medium.com/@evstykas/totally-pwning-the-tapplock-smart-lock-the-api-way-c8d89915f025/.

嵌入式设备与物联网设备之间的差异

嵌入式设备和物联网设备之间的界限有些模糊，人们对两者的定义往往存在分歧。然而，存在一些相对较高层次的差异。

嵌入式设备通常不是为与人进行常规交互而设计的。这两种设备通常都被包含在另一种设备中，后者可能有某种用户界面，但嵌入式设备通常隐藏在内，而且它往往有更简单的界面，允许用户打开或关闭，或者调整它的设置。

此外，嵌入式设备通常不会连接到互联网，尽管一些嵌入式设备（如汽车中的嵌入式设备）连接到了内部网络。有些人可能会说，为嵌入式设备提供互联网连接将使其进入物联网设备类别。

12.3.2　物联网安全问题

当然，物联网设备面临几个特定的安全问题，这些问题源于它们的网络连接。

1. 缺乏透明度

通常，你不会确切知道自己的物联网设备在做什么。尽管它们拥有有限的用户界面，但它们通常包含与你的移动设备和台式计算机相似的一组功能。当你的物联网设备在网络上处于空闲状态时，它可能正在与某人通信。你并不总能分辨出它是在做一些不寻常的事情，还是在做一些意想不到的事情。

除非使用恰当的特定工具来探查设备在做什么，否则没有任何方法能回答这些问题。高级用户或能登录到设备上的命令行界面，并略微进行查询，但除了文件系统和日志中的零星数据外，可能无法收集更多其他信息。

要发现物联网设备到底在做什么，一种方法是将设备连接到虚拟私人网络，以隔离该设备（使其流量更容易区分），并强制其通过可监控的阻塞点进行交互，然后使用 Mitmproxy（https://mitmproxy.org/）等工具对其进行窃听，查看该设备到底在尝试与谁会话，以及正在发送或接收哪些数据。你可以在 GiHub（https://github.com/abcnews/data-Life/）上的 Data-Life 项目中找到该工具和附带的脚本。如果设备在网络上进行大量会话，你将不得不通过筛选结果来识别连接另一端的设备。运行正常的情况下，预计可以看到大多数物联网设备正与其他各类设备交互。例如，它们可能会向供应商请求更新，与应用程序接口交互，并对照时间服务器进行校时。

2. 一切皆为物联网设备

现代家用电器都具备某种“智能”功能和网络连通性。甚至连灯泡和健身器材都可以通过互联网进行交互。正如我已经讨论过的，设备有其特定的安全缺陷，但它们也面临着因联网设备过多而产生的问题。

2016 年 10 月，一场大规模的分布式拒绝服务（Distributed Denial-of-Service，DDoS）攻击导致大片互联网无法使用，包括亚马逊网络服务（Amazon Web Services）、推特（Twitter）、网飞（Netflix）和美国有线电视新闻网络（CNN）等大型提供商的服务网络。这些中断源于针对 Dyn 的分布式拒绝服务攻击，该公司控制着构成互联网基础设施的许多 DNS 根服务器。针对这些服务器的攻击速度为 1.2TB/s，这是当时最大的分布式拒绝服务攻击，来自 10 万多台设备，几乎都是物联网设备。[1]

这次攻击之所以成为可能，是因为名为 Mirai 的恶意软件将易受攻击的物联网设备招募到僵尸网络（一个由受攻击系统组成的网络），并使僵尸网络的控制器能够访问这些设备，以用于分布式拒绝服务攻击。该恶意软件没有执行复杂的攻击，只是在网络上查找设备，并试图使用设备默认管理员密码进行访问。

当然，用户在第一次配置设备时可以通过更改管理密码来避免此问题，但不幸的是，用户很少这样做。当无线访问接入点优先变得普遍时，它们也面临着类似的问题。制造商可能会以解决无线访问接入点漏洞的方式来解决此漏洞：默认情况下，通过在安全状态下运输设备来解决此漏洞。

3. 陈旧设备

市场上除了大量易受攻击的设备外，还有许多老旧设备也造成了安全问题。到目前为止，一些类型的物联网设备已经存在了大约 20 年。即使从今天开始不再出厂不安全的设备，这些旧设备也可能至少在未来十年内继续工作。

要给老旧设备增加安全措施并非易事。你可以更新固件来修复某些设备上的漏洞，但这需要执行更新，而大多数设备不会自动进行下载。许多在家中使用物联网设备的非技术人员可能不太理解为什么需要更新这些设备以及更新方式是怎样的。

[1] Woolfe, Nicky. “DDoS Attack That Disrupted Internet Was Largest of Its Kind in History, Experts Say.” The Guardian, October 26, 2016. https://www.theguardian.com/technology/2016/oct/26/ddos-attack-dyn-mirai-botnet/.

12.4　小结

本章讨论了移动设备、嵌入式设备和物联网设备，这三种类别的设备各面临一组特定的潜在安全问题，你可以在不同程度上缓解这些问题。

当涉及移动设备时，基带操作系统、越狱和恶意应用程序可能会威胁到你的安全。但是，你可以采取某些步骤来管理移动设备，并在一定程度上控制人们的使用方式，特别是在企业环境中。存在于许多关键系统中的嵌入式设备有可能造成远远超出设备本身的物理影响，而物联网设备或联网设备尤其难以监控和保护。

从安全的角度来看，即使很少会考虑这些设备，但它们与传统计算机一样重要。

12.5　习题

1. 嵌入式设备和移动设备有什么不同？
2. 移动设备中的基带操作系统有什么作用？
3. 嵌入式设备如何影响物理世界？
4.Mirai 僵尸网络做了什么？
5. 监控和数据采集系统与工业控制系统有什么不同？
6. 移动设备越狱有什么风险？
7. 在更新嵌入式设备时，可能会遇到哪些问题？
8. 嵌入式设备和物联网设备有什么不同？
9. 可能在物联网设备中遇到哪些常见的网络连接类型？
10. 可以使用哪些解决方案来防止移动设备越狱？

第 13 章

应用程序安全

在第 10 章和第 11 章中，讨论了保持网络和操作系统安全的重要性。确保应用程序安全是防止攻击者与你的网络交互并破坏你的操作系统安全的一部分。

2013 年 12 月，在全美经营着 1800 多家门店的零售商塔吉特公司（Target Corporation）报告了一起客户数据泄露事件，其中包括 4000 万客户的姓名、卡号、卡到期日期和卡安全码。[一]一个月后，塔吉特公司宣布又有 7000 万客户的个人数据被泄露。[二]

这次入侵根本不是来自塔吉特公司的系统，而是连接到塔吉特公司网络的厂商法齐奥机械公司（Fazio Mechanical）的系统。

专家认为，攻击发生的原因如下[三]：

1）攻击者使用特洛伊木马（一种恶意软件）攻破了 Fazio Mechanical 的系统，并使用网络钓鱼攻击将其安装到系统中。

2）由于糟糕的网络分段实践，攻击者能够通过法齐奥对塔吉特网络的访问权限

㊀ Target. "Target Confirms Unauthorized Access to Payment Card Data in U.S. Stores." Press release, December 19, 2013. https://corporate.target.com/press/releases/2013/12/target-confirms-unauthorized-access-to-payment-car/.

㊁ Target. "Target Provides Update on Data Breach and Financial Performance." Press release, January 10, 2014. https://corporate.target.com/press/releases/2014/01/target-provides-update-on-data-breach-and-financia/.

㊂ Shu, Xiaokui, Ke Tian, Andrew Ciambrone, and Danfeng Yao. "Breaking the Target: An Analysis of Target Data Breach and Lessons Learned." arXiv, January 18, 2017, accessed July 2, 2019. https://arxiv.org/pdf/1701.04940.pdf.

获得对塔吉特网络其他部分的访问权限。

3）攻击者在塔吉特销售终端（POS）系统（基本上是收银机）上安装了收集信用卡信息的 BlackPOS 恶意软件，并使用该恶意软件从 POS 扫描的支付卡收集信息。

4）攻击者将收集到的信用卡号码移动到塔吉特网络上受攻击的文件传输协议（FTP）服务器，然后将其发送到公司外部，最终到达他国境内的一台服务器上。

5）攻击者随后在黑市上出售被盗的信用卡和个人数据。

几个层面上的各种问题导致了这次攻击的发生。任何一种缺失或疏忽的控制——缺乏网络分段、缺乏反恶意软件工具以及缺乏数据丢失预防工具——都可能阻止攻击成功。在本章中，你将了解在软件开发过程中引入的应用程序漏洞、Web 应用程序中常见的漏洞以及影响应用程序使用的数据库的漏洞。同时，还将介绍用来保护应用程序的工具。

13.1　软件开发漏洞

许多常见的软件开发漏洞可能会导致应用程序中的安全问题。这些攻击包括缓冲区溢出、竞争条件、输入验证攻击、身份验证攻击、授权攻击和加密攻击，如图 13-1 所示。我将在这一节带大家复习一下每一种漏洞。

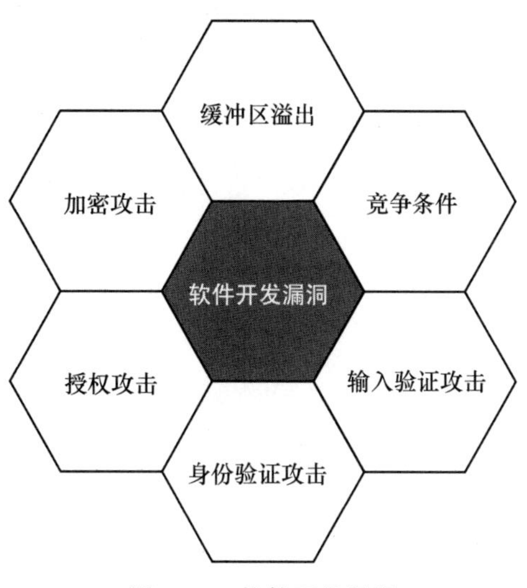

图 13-1　软件开发漏洞

在开发新软件时，只要不使用使这些漏洞得以存在的编程技术，就可以相对容易地避免所有漏洞。卡内基梅隆大学（Carnegie Mellon University）的计算机应急小组（Computer Emergency Response Team）出版了一套文献，其中定义了几种编程语言的安全软件开发标准，总体来说，这是进一步研究安全编码的一个很好的综合资源。[1]

13.1.1　缓冲区溢出

当没有正确考虑输入到应用程序的数据大小时，就会发生缓冲区溢出。如果应用程序接收数据，大多数编程语言将要求你指定预期接收的数据量，然后为该数据预留存储空间。如果不对接收的数据量设置限制（称为边界检查的过程），当你仅为 50 个字符分配存储空间时，你可能会收到 1000 个字符的输入。

在这种情况下，超过 950 个字符的数据可能会覆盖存储器中由其他应用程序或操作系统使用的其他区域。攻击者可能利用此技术篡改其他应用程序或使操作系统执行他们自己的命令。

正确的边界检查可以完全消除此类攻击。一些语言（如 Java 和 C#）可以自动实现边界检查。

13.1.2　竞争条件

当多个进程（或进程内的多个线程）控制或共享对资源的访问，并且该资源的正确处理取决于事务的正确顺序或定时时，就会出现竞争条件。

例如，如果通过自动柜员机（ATM）从你的银行账户提取 20 美元，流程可能如下：

1）检查账户余额（100 美元）。

2）提取资金（20 美元）。

3）更新账户余额（80 美元）。

如果其他人在大致相同的时间开始了同样的过程，并试图提取 30 美元，你可能最终会遇到一些问题。

用户 1	**用户 2**
检查账户余额（100 美元）。	检查账户余额（100 美元）。

[1] Schiela, Robert. “SEI CERT Coding Standards.” Confluence: Carnegie Mellon University Software Engineering Institute, February 5, 2019. https://wiki.sei.cmu.edu/confluence/display/seccode/SEI+CERT+Coding+Standards/.

提取资金（20 美元）。　　提取资金（30 美元）。

更新账户余额（80 美元）。　　更新账户余额（70 美元）。

因为两个用户共享对资源的访问，所以账户最终记录了 70 美元的余额，而你应该只看到 50 美元。两个用户“竞争”访问资源，出现了不希望出现的情况。（请注意，实际上大多数银行都会采取措施防止这种情况发生。）

在现有软件中很难检测到竞争条件，因为它们很难重现。当开发新的应用程序时，如果你仔细处理用户访问资源的方式以避免对时间的依赖，则可以完全避免这些问题。

13.1.3 输入验证攻击

如果你不小心验证应用程序的输入，换句话说，确保用户提交的任何输入（如表单的答案）以可接受的格式到达，你可能会受到格式化字符串攻击等问题的影响。

在*格式化字符串攻击*中，攻击者使用编程语言中的某些打印函数来格式化输出，但却允许攻击者操纵或查看应用程序的内部内存。在某些语言（如 C 和 C++）中，你可以在输入中插入某些字符（如 `%f`、`%n` 和 `%p`），以便格式化打印到屏幕的数据。例如，攻击者可以在精心构建的输入中包含 `%n`（将整数写入内存）参数，从而将值写入他们通常无法访问的内存位置。他们可以使用这种技术使应用程序崩溃或使操作系统运行命令，从而潜在地危害系统。

要解决此类攻击，应该通过过滤输入内容来验证输入是否有意外或不需要的内容。在格式字符串攻击的情况下，你可以从输入中删除有问题的字符，或者可以进行错误处理，以确保你预见并缓解了此类问题。

13.1.4 身份验证攻击

*身份验证攻击*是那些试图在没有适当凭据的情况下访问资源的攻击。在你的应用程序中部署强大的身份验证机制将有助于抵御这类攻击。

要求应用程序的用户创建强密码有助于阻止攻击者进入。如果你使用 8 个字符的全小写密码，如 **hellobob**，功能强大的机器可能几乎可以瞬间破解密码。如果使用包含数字和符号（如 `H3lloBob!1`）的十个字符的混合大小写密码，则破解密码所需的时间将增加到 20 年以上。[⊖]此外，应用程序不应使用内置且无法更改的密码（通常称为硬编码密码）。

另外，应该避免在客户端（最终用户的计算机）上执行身份验证，因为这样做会将此类措施放在容易受到攻击的地方。与大多数安全措施一样，当允许攻击者直接访问你的控制以随心所欲地操纵它们时，你就在很大程度上消除了控件的有效性。

如果你依赖本地应用程序或脚本来执行身份验证步骤，然后简单地将"清除所有"消息发送到服务器端，则没有什么可以阻止攻击者在没有完成身份验证的情况下直接将此消息重放到你的后端。身份验证工作应该始终放在攻击者所能接触到的最远的地方，并且如果可能的话，完全放在服务器端。

13.1.5 授权攻击

*授权攻击*是试图在没有适当授权的情况下访问资源的攻击。与身份验证机制一样，在客户端放置授权机制也不是一个好主意。

在可能受到用户直接攻击或操纵的空间中执行的任何进程几乎肯定会在某个时候成为安全问题。相反，如果设备是便携的，你应该在远程服务器上或设备的硬件上进行身份验证，这会让你考虑到更多控制。

当你授权用户执行某些活动时，应该使用最小权限原则，如第 3 章所述。如果不小心为你的用户和你的软件允许所需的最低权限，那么你可能会使自己面临攻击和危害。

此外，每当用户或进程尝试需要权限的活动时，你应该始终再次检查，以确保每次尝试时用户确实有权执行相关活动。如果有一个用户，无论是无意的还是有意的，都可以访问你的应用程序的受限部分，那么你应该采取措施阻止该用户继续操作。

13.1.6 加密攻击

密码很容易实现得很糟糕，这样做会给人一种错误的安全感。在应用程序中实现加密时的一大错误是开发自己的加密方案。当今使用的主要加密算法，如高级加密标准（AES）和 Rivest-Shamir-Adleman（RSA），都是由数千名非常熟练的人开发和测试

⊖ Gibson Research Corporation. " How Big is Your Haystack? ". Accessed August 2, 2019. https://www.grc.com/haystack.htm/.

的，他们以开发这些工具为生。此外，这些算法之所以被普遍使用，是因为它们能够经受住时间的考验，而不会遭到严重的危害。尽管自主开发的算法可能具有一些安全优势，但你可能不应该在存储或处理敏感数据的软件上测试它。

除了使用已知的算法之外，还应该计划你选择的机制在未来可能会过时或受损。这意味着你应该以支持使用不同算法的方式设计软件，或者至少以这样一种方式设计你的应用程序，即更改它们不是一项艰巨的任务。你还应该使更改软件使用的加密密钥成为可能，以防你的密钥泄露或暴露。

13.2 Web 安全

攻击者可以使用各种各样的技术来攻击 Web 应用程序，危害你的计算机，窃取敏感信息，并诱骗你在不知情的情况下执行活动。你可以将这些攻击分为两大类：客户端攻击和服务器端攻击。

13.2.1 客户端攻击

客户端攻击要么利用用户客户端上加载的软件中的弱点，要么依靠社会工程学来愚弄用户。有很多这样的攻击，但我将特别关注一些利用网络作为攻击工具的攻击。

跨站脚本（XSS）是通过将用脚本语言编写的代码放入由客户端浏览器显示的网页或其他媒介（如 Adobe Flash 动画和某些类型的视频文件）中实施的攻击。当其他人查看网页或媒体时，它们会自动执行代码，从而实施攻击。

例如，攻击者可能在博客条目的评论部分留下包含攻击脚本的评论。使用其浏览器访问网页的人会执行攻击。

第 3 章中提到的跨站请求伪造和点击劫持这两种攻击也是客户端攻击。在跨站请求伪造攻击中，攻击者在网页上放置一个或多个链接，这样他们就会自动执行。该链接在用户当前已通过身份验证的另一个网页或应用程序上启动一项活动，例如将商品添加到他们在亚马逊上的购物车中，或者将资金从一个银行账户转移到另一个银行账户。

如果你正在浏览多个页面，并且仍然通过了攻击目标页面的身份验证，那么你可能在后台执行攻击，并且永远不会知道这一点。例如，如果你在浏览器中打开了几个页面，其中包括常见银行机构 MySpiffyBank.com 的页面，但当访问

BadGuyAttackSite.com 时仍在登录银行页面，则攻击页面上的链接可能会自动执行，让你将资金转移到另一个账户。尽管攻击者很可能不知道用户通过了哪些网站的认证，但他们可以做出有根据的猜测，例如银行或购物网站，并包括专门针对这些网站的组件。

点击劫持是另一种攻击方式，它利用浏览器的图形显示能力，诱骗你点击一些你本来可能不会点击的内容。点击劫持攻击的工作原理是在页面或部分页面上放置另一层图形或文本，以掩盖你正在点击的内容。例如，攻击者可能会将“立即购买”按钮隐藏在具有“更多信息”按钮的另一层下。

这些类型的攻击在很大程度上被较新版的常见浏览器所阻止，例如 Internet Explorer、Firefox、Safari 和 Chrome。本节中讨论的最常见攻击将被上述浏览器自动阻止，但在许多情况下，新的攻击向量只能实施旧攻击的新变种。此外，许多客户端运行的都是过时或未打补丁的软件，这些软件仍然容易受到已存在多年的攻击。了解常见攻击的工作原理并对其进行保护，不仅可以为你提供额外的安全措施，还可以帮助你了解攻击者如何开发新的攻击。

跟踪最新的浏览器版本和更新是很重要的，因为它们的厂商会定期更新保护措施。此外，一些浏览器允许你应用其他工具来保护你免受客户端攻击。其中一个比较知名的工具是针对火狐的 NoScript（http://noscript.net/）。默认情况下，NoScript 会阻止大多数网页脚本，并要求你专门启用要运行的脚本。如果小心使用，这样的脚本阻止工具可以消除你可能遇到的许多基于 Web 的威胁。

13.2.2　服务器端攻击

Web 事务的服务器端的几个漏洞也可能导致问题。这些威胁和漏洞可能大不相同，具体取决于你的操作系统、Web 服务器软件及其版本、脚本语言和许多其他因素。然而，这些漏洞通常是几个常见因素所致。

1. 缺乏输入验证

正如本章前面所讨论的，软件开发人员经常忽略正确验证用户输入，一些最常见的服务器端 Web 攻击利用这一弱点来实施攻击。

*目录遍历攻击*提供了一个强有力的例子，说明如果不验证 Web 应用程序的输入可能会发生什么情况。攻击者可以利用这些攻击访问存储内容的 Web 服务器结构之

外的文件系统，方法是使用 ../ 字符序列，它向上移动一级目录以更改目录。例如，在易受攻击的服务器上浏览 https://www.vulnerablewebserver.com/../../../etc/passwd 将显示 /etc/Password 文件的内容。为了进一步分析这一点，此 URL 要求 Web 服务器以这种方式在文件系统中移动：从 /var/www/html（通常存储 Web 内容的位置）至 /var/www，然后到 /var，然后转到 /（根目录），然后返回到 /etc，然后显示 /etc/passwd 的内容。

如果仔细验证你在 Web 应用程序中接受的输入，并过滤掉可能会危及你安全的字符，通常甚至可以在此类攻击开始之前就将其击退。在许多情况下，过滤掉特殊字符将完全击败此类攻击，如所描述的字符及 *、%、‘、; 和 /。

2. 权限不正确或不足

分配不正确的用户权限通常会导致几乎所有类型的 Web 应用程序和面向 Internet 的应用程序出现问题。Web 应用程序和页面经常使用敏感文件和目录，如果这些文件和目录暴露给普通用户，将会导致安全问题。

例如，可能造成麻烦的一个方面是配置文件的暴露。许多利用数据库的 Web 应用程序（显然是大多数应用程序）都有配置文件，这些文件保存应用程序用来访问数据库的证书。如果这些文件和存放这些文件的目录没有得到恰当的保护，攻击者就可以简单地从文件中读取你的凭据，并随心所欲地访问数据库。对于持有敏感数据的应用程序来说，这可能是灾难性的。

同样，如果不注意保护 Web 服务器上的目录，你可能会发现应用程序中的文件发生了更改，添加了新文件，或者某些文件的内容被完全删除。面向互联网的不安全应用程序往往不会持续很长时间就会受到威胁。

3. 无关文件

当 Web 服务器从开发阶段进入生产阶段时，开发人员经常忘记清理与运行站点或应用程序没有直接关系的文件，或者可能是开发或构建过程中生成的文件工件。

如果你留下了构建应用程序所基于的源代码归档、文件备份副本、包含注释或凭据的文本文件或任何此类相关文件，则可能会向攻击者提供危害你的系统所需的材料。部署 Web 服务器的最后一步应该是确保清理所有此类文件，如果还需要的话，可以存放到别的地方去。这也是一个很好的定期检查习惯，以确保在故障排除或升级过程中，这些项不会被留在公众可以看到的地方。

13.3　数据库安全

当今使用的许多网站和应用程序都依赖于数据库来存储它们显示和处理的信息。在某些情况下，数据库应用程序可能保存非常敏感的数据，如纳税申报单、医疗信息或法律记录，或者它们可能只包含组织讨论论坛的内容。在这两种情况下，数据对应用程序的所有者都很重要，如果数据以未经授权的方式被损坏或篡改，那么数据所有者将会感到不便。

有几个问题可能会损害数据库的安全性。典型问题列表如下[⊖]：

- 网络协议中未经身份验证的缺陷。
- 网络协议中的身份验证缺陷。
- 身份验证协议缺陷。
- 未经认证即可访问功能。
- 内部 SQL 元素中的任意代码执行。
- 可保护的 SQL 元素中的任意代码执行。
- 通过 SQL 注入提升权限。
- 本地权限提升问题。

尽管这看起来像是一组很令人担心的复杂问题，但你可以把它们分成四大类，如图 13-2 所示。在本节中，我将逐类详细介绍上述问题。

13.3.1　协议问题

任何给定数据库使用的协议中都可能存在漏洞。这包括用于与数据库通信的网络协议。

这些协议中的漏洞通常涉及常见的软件开发问题，例如本章前面讨论的缓冲区溢出。

要缓解已知的协议问题，你应该使用相关数据库软件的最新版本和补丁，如第 11 章所述。要保护数据库免受未知问题（尚未发现的问题）的影响，你应该限制对数据库的访问，方法是使用第 10 章中讨论的某些方法限制能够通过网络连接到数据库的人员，或者按照最小权限原则限制你为数据库本身提供的权限和账户。

⊖ Litchfield, David, Chris Anley, John Heasman, and Bill Grindlay. The Database Hacker's Handbook: Defending Database Servers. Hoboken, NJ: Wiley, 2005.

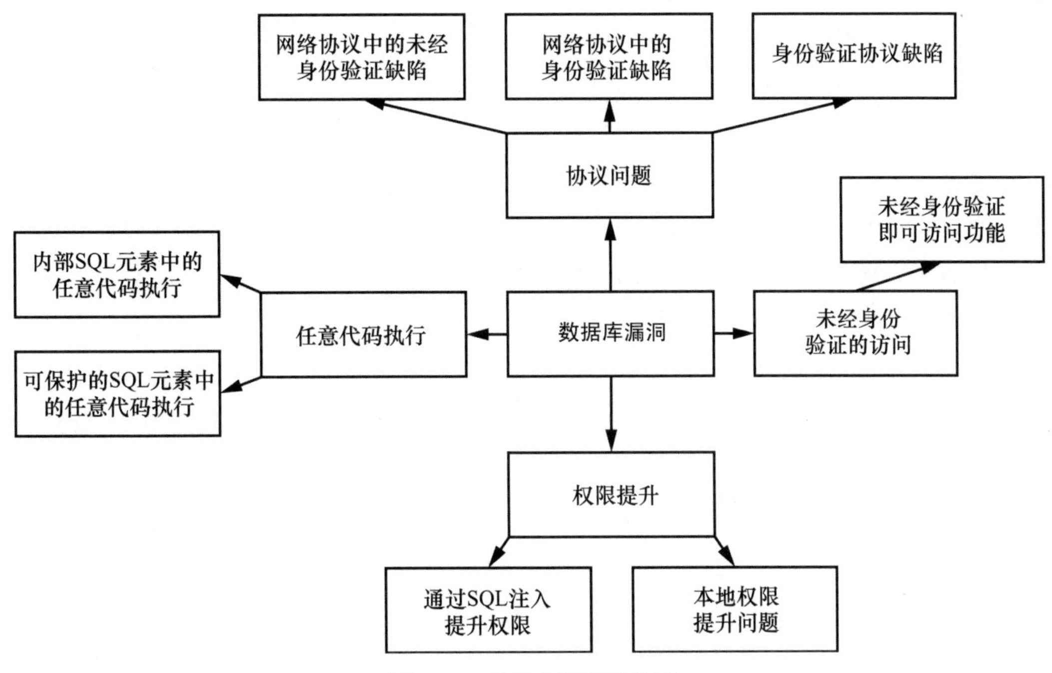

图 13-2　数据库漏洞的类别

你还可能发现用于向数据库进行身份验证的协议中存在问题，具体取决于使用的特定软件和版本。通常，软件越旧、越过时，你使用的身份验证协议就越有可能不健壮。许多较旧的应用程序将使用已知的身份验证协议，这些协议在某种程度上已被破坏或存在明显的体系结构缺陷，例如通过网络以明文形式发送登录凭据，Telnet（远程访问设备的工具）就是这样做的。同样，这里最好的防御措施是确保你使用的是所有软件的最新版本。

13.3.2　未经身份验证的访问

如果你为用户或进程提供与数据库交互的机会，而不提供一组凭据，则可能会出现安全问题。例如，通过 Web 界面对数据库进行的一些简单查询可能会意外地暴露数据库中包含的信息；或者，你可能会暴露有关数据库本身的信息（如版本号），从而向攻击者提供可用来危害你的应用程序的额外材料。你可能还会遇到与本章开头讨论的安全软件开发实践相关的各种问题。

相反，如果强制用户或进程发送一组凭据来开始事务，则可以基于这些凭据监视和适当限制事务。如果你允许在不需要凭据的情况下访问部分应用程序或工具集，则可能会失去对正在发生的操作的可见性和控制力。

13.3.3 任意代码执行

任意代码执行（在网络上执行时也称为*远程代码执行*）是攻击者不受限制地在他们选择的系统上执行任何命令的能力。当涉及数据库安全时，攻击者之所以能够做到这一点，是因为与你用来与数据库对话的语言存在安全缺陷。结构化查询语言（Structured Query Language，SQL）是用于与当前市场上许多常见数据库通信的语言。它包含几个可能会产生这些安全风险的内置元素，其中一些可以限制使用，而另一些则不能。

这些语言元素有助于利用你正在使用的软件中的错误，或者如果你使用不安全的编码实践（例如允许攻击者在应用程序中执行任意代码），它们可能会造成问题。例如，如果服务器没有恰当且安全地配置，任何人都可以对服务器的文件系统进行读取和写入操作（使用 `load_file` 和 `outfile` 函数），这是许多数据库系统中的常见功能。一旦能够与操作系统本身交互，你就有了立足点来进行进一步的攻击、数据窃取等。

对这类攻击的最好防御是双重的。在消费者方面，应该使用所有软件的当前版本和补丁级别。从厂商方面来说，在所有情况下，都应该强制执行安全编码实践，首先消除漏洞，并进行内部审查，以确保遵循此类实践。

13.3.4 权限提升

最后一种主要的数据库安全问题是权限提升。*权限提升攻击*是指将你的访问级别提高到超过你在系统或应用程序上授权访问级别的攻击。权限提升旨在获得对该软件的管理访问权限，以执行其他需要高级别访问权限的攻击。

你通常可以通过 SQL 注入进行权限提升，这是一种将包含 SQL 命令的输入提交给应用程序的攻击。例如，更常见的 SQL 注入示例之一是在应用程序的用户名字段中发送字符串 `'or'1'='1` 作为输入。如果应用程序没有正确过滤输入，此字符串可能会导致它自动记录你输入的是合法用户名，因为你设置了一个始终计算为 true 的条件，1=1。这使你可以潜在地提升权限级别。

如果未能正确保护你的操作系统，数据库中的权限提升也可能发生。数据库应用程序使用操作系统用户的凭据和权限在操作系统上运行，就像 Web 浏览器或任何其他浏览器一样。如果不小心保护操作系统及其上运行的用户账户（如第 10 章和第 11 章所述），则你实施的任何数据库安全措施都可能无效。如果攻击者获得运行数据库软件的账户的访问权限，他们很可能有权限执行任何自己关心的操作，包括删除数据库本身、更改任何数据库用户的密码、更改数据库运行方式的设置、操作数据等。

针对此类操作系统问题的最佳防御措施是第 11 章中讨论的一组强化和缓解步骤。如果能够从一开始就阻止攻击者危害你的系统，你就可以在很大程度上免去这种担忧。

13.4　应用安全工具

你可以使用工具来评估和提高应用程序的安全性。我在第 10 章和第 11 章中讨论了其中的一些，例如嗅探器。其他的则不太熟悉，也更复杂，比如模糊测试（Fuzzer）工具和逆向工程工具。有些还需要用户具有一定的软件开发经验或熟悉相关技术才更好使用。

13.4.1　嗅探器

你可以使用嗅探器监视正在与应用程序或协议交换的特定网络流量。在图 13-3 中，我使用 Wireshark 专门检查超文本传输协议（Hypertext Transfer Protocol，HTTP）流量。

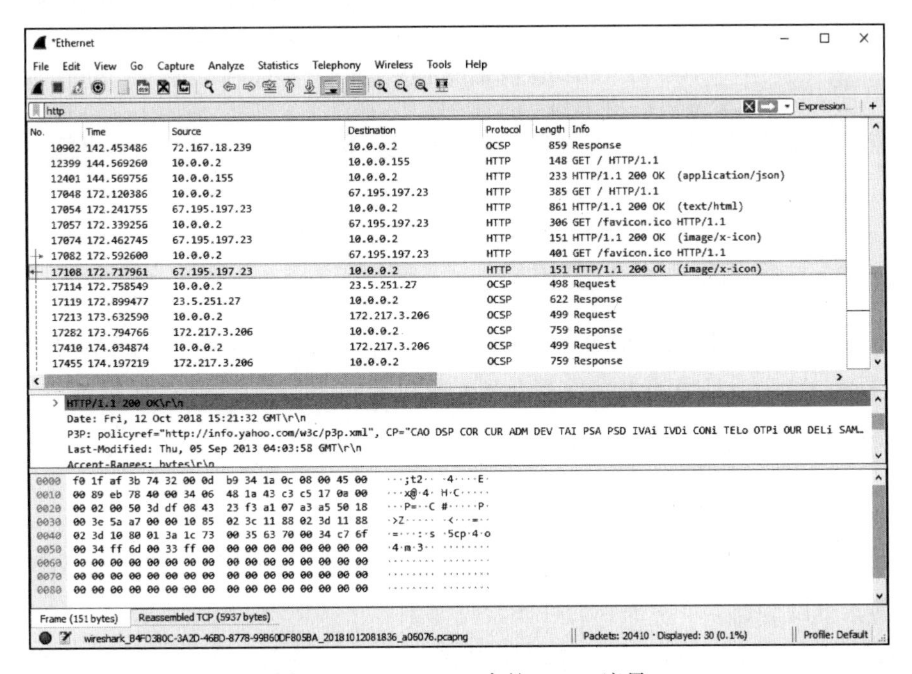

图 13-3　Wireshark 中的 HTTP 流量

在某些情况下，你还可以使用某些操作系统的特定工具从嗅探工具中获取额外信息。Linux 的网络监控工具 EtherApe 就是一个很好的例子，它不仅能让你嗅探网络流量，还可以很方便地将你所看到的流量与网络目的地或特定协议关联起来，如图 13-4 所示。

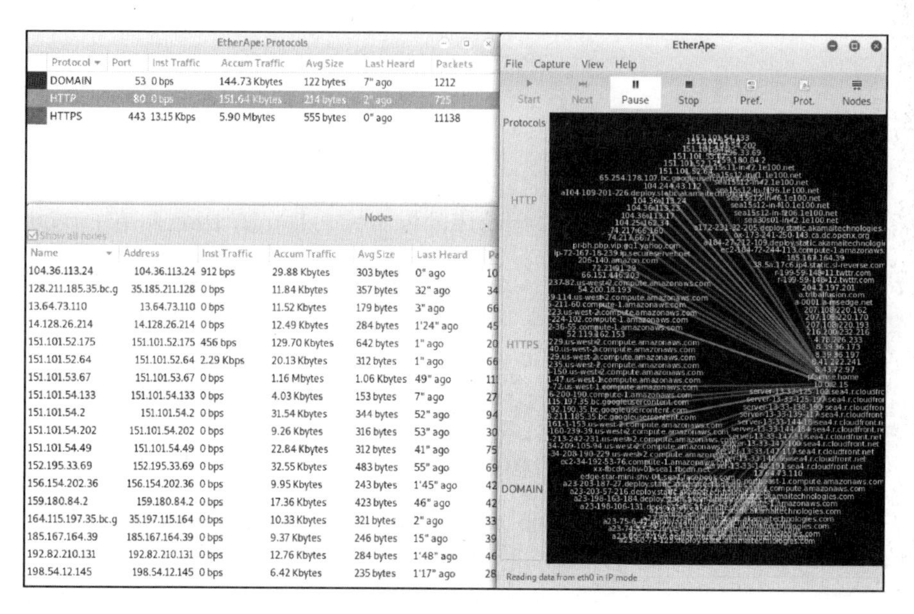

图 13-4　EtherApe

通常，图形表示可以使人更直观、更容易地解析数据，以辨别原本可能不会被注意到的流量模式。

13.4.2　Web 应用程序分析工具

存在大量用于分析网页或基于 Web 的应用程序的工具，其中一些是商业的，一些是免费的。这些工具中的大多数都会搜索常见的缺陷，例如 XSS 或 SQL 注入漏洞，以及不正确的权限设置、无关文件、过时的软件版本和其他安全问题。

1. OWASP Zed Attack Proxy

如图 13-5 所示，OWASP Zed Attack Proxy（ZAP）是一款免费的开源 Web 服务器分析工具，可以检查本章中提到的许多常见漏洞。

ZAP 索引它在目标 Web 服务器上可以看到的所有文件和目录，这一过程通常称为*爬取*（spidering），然后定位并报告它发现的潜在问题。

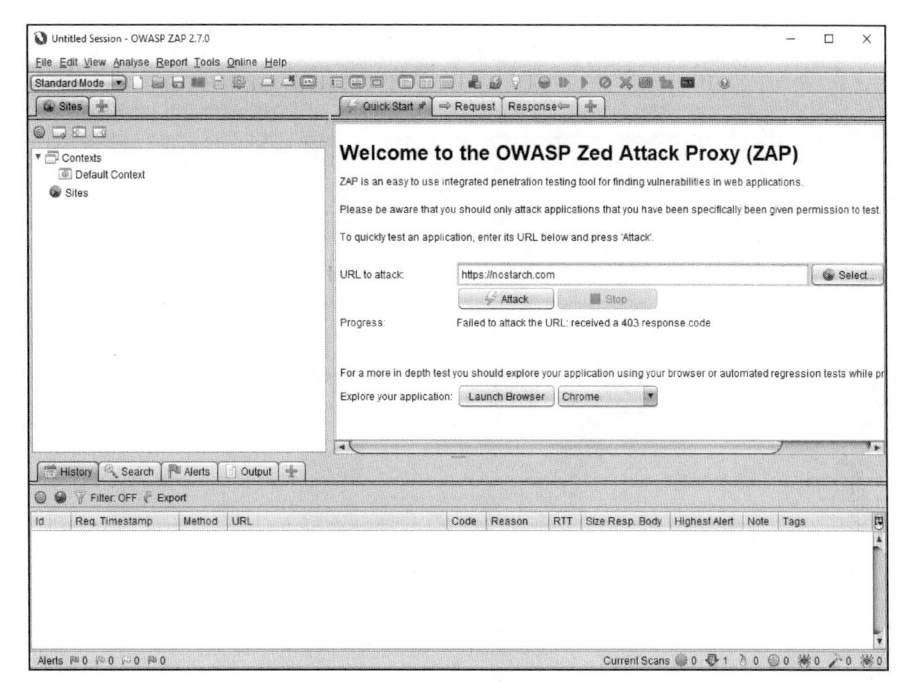

图 13-5　ZAP

> **信任但要验证**
>
> 要注意，当使用 Web 分析工具时，并不是该工具报告的所有潜在问题都是实际的安全问题。这些工具几乎都会返回一定数量的虚警，表明问题实际上并不存在。在采取措施缓解问题之前，手动验证问题是否确实存在非常重要。

2. Burp Suite

你也可以从相当多的商业网站分析工具中进行选择，它们的价格从几百美元到几千美元不等。市场上有一款名为 Burp Suite（https://portswigger.net/burp/）的工具，它的成本更像是入门级的专业工具（撰写本文时费用为每年 399 美元），但仍然提供了一组可靠的功能。Burp Suite 运行时提供 GUI 界面，如图 13-6 所示，除了任何 Web 评估产品中的标准功能集外，它还包括几个更高级的工具，用于进行更深入的攻击。

Burp Suite 还提供免费社区版，允许你使用标准的扫描和评估工具，但不包括访问更高级的功能。

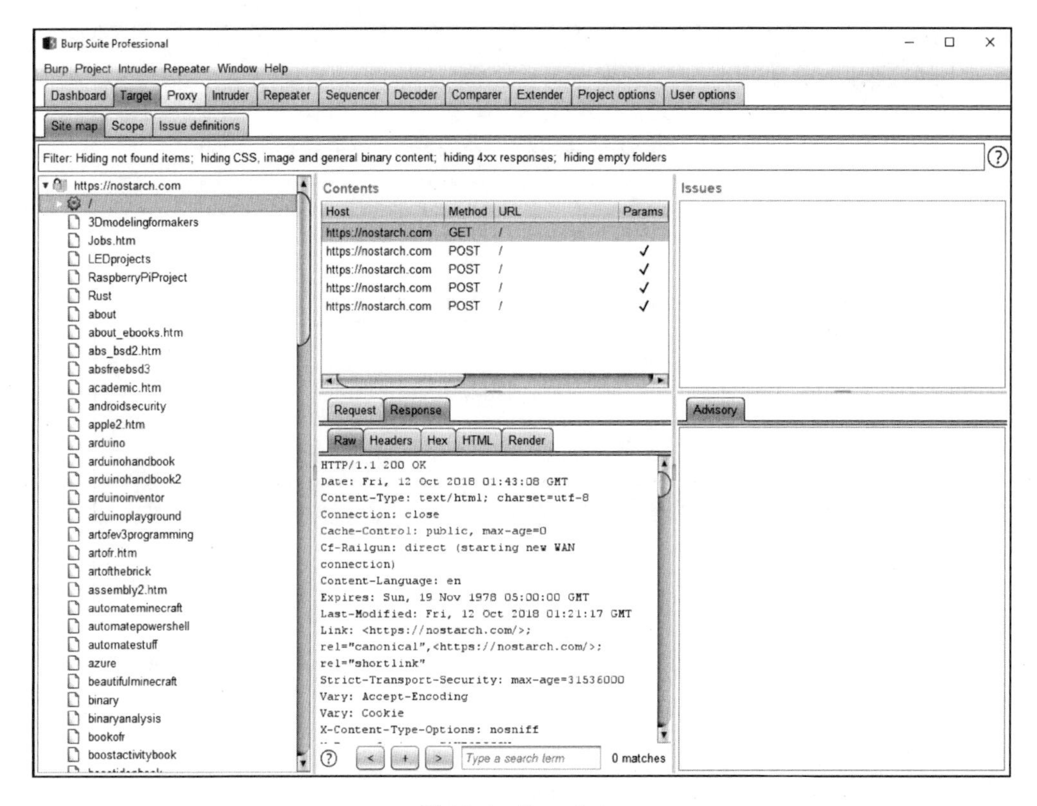

图 13-6　Burp Suite

13.4.3　模糊测试工具

除了可以用来检查软件中各种已知漏洞的所有工具外，还有一些工具可以帮助你通过称为模糊测试的过程发现完全意想不到的问题。用于此技术的工具称为模糊测试工具，其工作方式是用来自各种来源的各种数据和输入轰炸你的应用程序，希望可以导致应用程序失败或执行一些意外的行为。

模糊测试的概念最初是由巴顿·米勒在20世纪80年代末为研究生级别的大学操作系统课程[1]开发的，现在它在安全研究人员和那些对应用程序进行安全评估的人群中变得流行起来。米勒在威斯康星大学（University of Wisconsin）的模糊测试页面是进一步阅读模糊测试的极好资源，其中包括催生这一分析领域的文档，其网址为

[1] Miller, Bart. " Computer Sciences Department, University of Wisconsin–Madison, CS 736, Fall 1998, Project List " (syllabus). Accessed July 2, 2019. http://pages.cs.wisc.edu/ ~ bart/fuzz/CS736-Projects-f1988.pdf.

http://pages.cs.wisc.edu/ ~ bart/fuzz/。

有各种各样的模糊测试工具可用，有些有特定的聚焦范围，例如 Web 应用程序或硬件设备，有些更通用。OWASP 的模糊测试页面（https://www.owasp.org/index.php/Fuzzing）中列出了许多当前的模糊测试工具和材料。

13.5 小结

在软件开发过程中引入的几个常见漏洞可能会影响应用程序的安全性。你可能会遇到缓冲区溢出、竞争条件、输入验证攻击、身份验证攻击、授权攻击和加密攻击，这里仅举几例。虽然这类问题很常见，但你可以通过遵循安全编码指南来相对容易地解决其中大多数问题，这些指南可以是组织内部的指南，也可以是来自国家标准与技术研究所（NIST）或美国计算机应急准备小组（US-CERT）等外部来源的指南。

在网络安全方面，你应该寻找客户端问题和服务器端问题。客户端问题涉及针对你正在运行的客户端软件或使用该软件的人员的攻击。通过确保你使用的是最新版本的软件和相关的补丁，有时还可以添加额外的安全工具或插件，你可以帮助实现这些功能。服务器端攻击是针对 Web 服务器本身的攻击。这些攻击通常利用缺乏严格的权限、缺乏输入验证的情况以及存在开发或故障排除工作中遗留的文件。要解决这类问题，需要开发人员和安全人员仔细检查。

数据库安全是几乎所有面向 Internet 的应用程序都非常关心的问题。你应该警惕协议问题、未经身份验证的访问、任意代码执行和权限提升。你可以通过遵循安全编码实践、保持软件版本和补丁的最新版本以及遵循最小权限原则来缓解其中的许多问题。

应用程序安全工具可以帮助你的应用程序抵御攻击。与网络和主机安全一样，你可以使用嗅探器来检查进出应用程序的网络数据。你还可以使用工具来检查现有应用程序的运行方式，并确定它们可能存在哪些漏洞，熟练的攻击者可以利用这些漏洞。此外，模糊测试工具和 Web 应用程序分析工具可以定位已知或未知的漏洞。

13.6 习题

1. 模糊测试工具是做什么的？

2. 举一个竞争条件的例子。

3. 为什么从 Web 服务器删除无关文件很重要？

4. Burp Suite 工具是做什么的？在什么情况下可能会使用它？

5. 说出网络安全的两个主要类别。

6.SQL 注入攻击是对数据库的攻击还是对 Web 应用程序的攻击？

7. 为什么输入验证很重要？

8. 解释跨站请求伪造攻击，以及你可以采取哪些措施来防止它。

9. 你可以如何使用嗅探器来提高应用程序的安全性？

10. 如何防止应用程序中的缓冲区溢出？

第 14 章

安全评估

一旦安全措施部署到位，你需要确保它们确实在保护你的资产。正如第 6 章所讨论的，遵守法律法规并不意味着安全。既然如此，如何评估你的安全等级呢？要做到这一点，主要有两种方式：漏洞评估和渗透测试。在本章中，我将讨论这两种方法。

14.1 漏洞评估

*漏洞评估*是使用专门设计的工具扫描漏洞的过程。两种常见的漏洞评估工具是 Qualys 和 Nessus。为了开发这些工具，厂商必须做大量的基础性工作来对漏洞进行分类，确定漏洞适用于哪些平台和应用程序，并按严重性进行分类。厂商通常还会提供有关漏洞的潜在影响、如何修复漏洞等方面的额外信息。

由于要使它们保持最新需要做大量的工作，因此其中一些工具可能相当昂贵。与此同时，漏洞处于不断变化的状态，厂商需要不断地跟进漏洞的变化、为它们发布的补丁、新出现的变种以及一系列令人眼花缭乱的其他变化因素。如果没有这些持续的更新，这些工具将很快失去作用，无法检测新的漏洞或提供准确的信息。

最终，漏洞评估的结果只会为你提供有关你是否安全的一点信息，也就是说，它将告诉你每台主机上是否存在特定的已知漏洞。

如本节所述，开展漏洞评估需要进行如下几个步骤。

14.1.1 映射和发现

为了能够扫描漏洞，需要知道你的环境中有哪些设备。通常，你对随时间变化的主机组或主机范围进行扫描。如果没有某种方法使主机列表保持最新，那么你不能获得完整的扫描结果，或者可能完全扫描了错误的主机。对于云中的主机来说，这可能是一个特别的问题，我将在本章的后面部分再谈到这一点。

1. 映射环境

通过构建环境地图开始漏洞扫描工作，该地图将显示你的网络中存在哪些设备。大多数漏洞扫描工具都允许直接创建此类地图，否则，可以从专门为此目的开发的工具［如 nmap（https://nmap.org/）］中导入主机信息。

通常，工具通过询问你要为其构建地图的网络范围内的每个单独的 IP 地址来创建这些地图。对于较大的网络范围，这可能需要很长时间——也许比主机再次出现和消失所需的时间更长。例如，A 类内部网络可以容纳 1600 多万个 IP 地址，其通常可识别的 IP 地址范围在 10.0.0.0 到 10.255.255.255 之间。另一种常见的内部网络方案是 C 类网络[⊖]，它通常使用类似 192.168.0.0 的 IP，可以容纳超过 65 000 台主机。环境使用一个 A 类网络和几个 C 类网络进行分段的情况并不少见。由于大多数工具在发现主机时每个 IP 都需要一两秒钟的时间来询问每个地址，因此将需要相当长的一段时间。

如果不小心运行得很慢，执行这些发现扫描也会给你的网络基础设施带来压力。在映射网络时，完全有可能使网络设备（如路由器和交换机）过载到无响应的程度。

2. 发现新主机

除了映射以确定有什么内容之外，你还需要保持主机列表的更新。如果知道网络上任何新设备的位置，你可以查看这些特定的位置，但如果它们不在预期的位置，你可能会错过一些主机，特别是如果它们被放在奇怪的地方以便隐藏时。

你可以主动或被动地发现新主机。主动发现涉及的过程与最初用于映射网络的过程类似：逐个 IP 查找，询问每个 IP 地址，看是否有响应。这具有许多与映射相同的限制，但你可以将这些更新限制在已知包含设备的网络部分，以便能够更快、更短间隔地遍历整个网络范围。

你还可以使用被动扫描技术来发现网络上的设备。这通常涉及将设备放置在网络

⊖ 原书为 B 类，按照指代的 IP，实际为 C 类。——译者注

阻塞点（如路由器或交换机），以窃听流经基础设施的流量。通过这种方式，当设备在网络上通话时可以自动发现它们，并可以将它们自动添加到要扫描的主机列表中。

14.1.2　扫描

一旦知道主机类型，你就可以扫描它们的漏洞。你可以执行几种不同类型的扫描，也可以对每种扫描使用不同的方法。

1. 未经身份验证的扫描

针对主机的基本漏洞扫描通常是外部未经身份验证的扫描。这些类型的扫描不需要正在扫描主机的任何凭据，也不需要对相关主机的网络连接以外的任何访问权限。这使你几乎可以对任何设备进行扫描。根据扫描的设置，它通常会显示有问题的主机上哪些端口处于开放状态，显示侦听这些端口的服务的旗标信息，并根据收集的其他信息猜测正在使用的应用程序和操作系统。

2. 经过身份验证的扫描

你还可以针对主机执行经过身份验证的扫描。经过身份验证的扫描是使用被扫描系统的一组有效凭据（通常是管理凭据）执行的扫描。拥有登录主机的凭据通常会让你收集内部信息，例如安装了什么软件、配置文件的内容、文件和目录的权限、系统需要但当前没有的漏洞补丁以及其他信息。相对于从外部扫描，这可以使你更全面地了解设备及其潜在漏洞，从而更准确地了解设备的安全性。

但是，经过身份验证的扫描要求你拥有当前的身份验证凭据，无论是在漏洞扫描工具端还是在主机本身上都是如此。有些检查还需要拥有设备的管理访问权限，一些系统所有者可能不愿意给你这样高级别的访问权限。

3. 代理扫描

代理扫描提供了一种方法来规避身份验证扫描的一些缺点。代理是安装在每台主机上的一个小软件。该软件就像是系统上的用户一样运行，因此它是经过身份验证的，但它不需要你在设备上或漏洞扫描工具中维护一组独立凭据。

使用代理的另一个好处是，配置了代理的主机通常会自行向管理设备报告，从而消除了在网络中单独搜索设备的需要。虽然它不能完全消除这种需求（因为某些设备，如网络设备可能无法运行代理），但它应该会大大减轻你的负担，因为你希望出现的大多数或所有设备都应该自动识别自己。

4. 应用程序扫描

某些工具允许你扫描特定的应用程序。例如，许多开发良好的扫描器仅用于扫描Web应用程序。这些类型的扫描与Web技术和漏洞相关，并且可以在应用程序中更深入地搜索问题，而不是仅针对主机的扫描器能够找到的问题。你经常会发现Web应用程序扫描器是开发得更深入的应用程序漏洞扫描程序之一，事实上，有许多仅用于此目的的扫描器。一种常见的此类扫描器是Burp Suite（https://portswigger.net/burp/），这是一款功能强大的Web应用程序自动化和手动测试工具，第13章中介绍过。

14.1.3 漏洞评估面临的技术挑战

你可能会遇到大量的技术挑战，这将使你更难实例化和维护漏洞扫描器。一些最常见、最频繁的绊脚石与云和虚拟化技术有关。

1. 云

云中的资源给这里讨论的任务、流程和技术带来了一些变化。正如第6章中提到的，云提供商可能有一些特定的规则，规定你可以在其环境中做什么和不能做什么，而这一点可能会因云提供商的不同而有所不同。

当谈到漏洞扫描时，一些厂商可能根本不希望你扫描其环境中的设备，如果厂商使用的是特定的云部署模型，更是如此。在大多数基础设施即服务（IaaS）模型中，你很可能能够在特定边界内并根据特定规则进行扫描。在平台即服务（PaaS）环境中，厂商可能会限制你使用代理进行扫描，因为你可能看不到基础设施本身。在软件即服务（SaaS）环境中，厂商可能根本不想让你扫描。

云扫描的另一个考虑因素是环境的波动性质。即使是在IaaS平台的情况下，设备和IP可能会在后台频繁更改，你可能会意外地发现自己扫描了不再属于你的设备或网络。来自未知实体的外部漏洞扫描生成的流量实际上与攻击流量没有区别，因此你不应当在没有适当授权的情况下意外地将这些工具指向另一家公司的资源。

2. 容器

云和虚拟化环境的另一个常见且有潜在问题的特性是容器。容器是一个完全独立且随时可运行的虚拟化实例，专门设计用于轻松扩展环境中具有不同负载等级的部分。例如，在午夜时分，你的 Web 服务器场[1]可能会看到很少的负载，然后缩减到几个容器，因为这就是它们在那个时间保持运行所需的全部内容。中午时分，服务器场可以扩展到数百个实例，然后根据负载在一天中进行扩展和收缩。

由于容器可能前一秒还存在，后一秒就消失了，因此它们不能很好地配合任何形式的漏洞扫描。容器通常需要专门的漏洞扫描工具来评估它们的漏洞。

14.2　渗透测试

有些人认为漏洞扫描与渗透测试是一回事。虽然渗透测试人员可能会使用漏洞扫描的结果，但这是两组不同的活动，每组活动都有自己的流程。

渗透测试，也被称为渗透或*道德黑客攻击*，是测试系统是否存在攻击者可以利用的漏洞的过程。渗透测试是一个比漏洞扫描更深入的过程，而且通常是手动完成的。虽然漏洞评估可能会让你部分评估你的安全性，但它不会让你完全做到这一点。

渗透测试的目标是找到安全漏洞，以便在攻击者发现之前修复它们。渗透测试人员使用与真正的恶意黑客（称为*黑帽黑客*）相同的工具和技术。但与黑帽黑客不同的是，渗透测试人员有权执行这些活动，这意味着针对你自己的系统进行的渗透测试，如果未经其他公司授权而针对其资产发起，从任何意义上讲都会被视为网络犯罪行为。

你会经常看到渗透测试小组被称为*红队*，这是一个源于军事的术语。红队在尽可能真实地评估系统的安全性时扮演攻击者的角色，同时保持测试安全和合理性。

14.2.1　渗透测试过程

渗透测试遵循一个相对标准的过程：确定范围、侦察、发现、利用和报告，如图 14-1 所示。

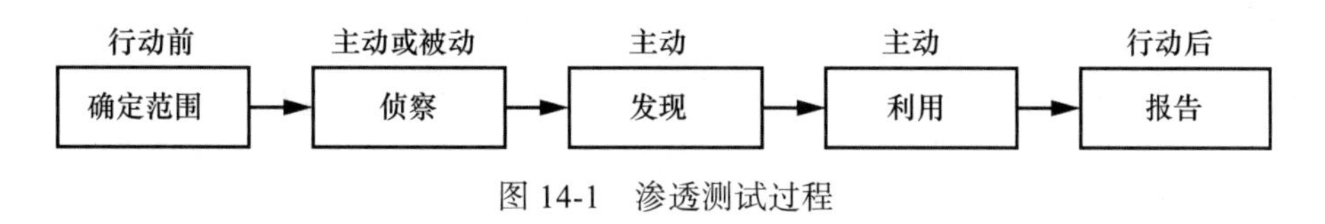

图 14-1　渗透测试过程

尽管渗透测试过程的一些描述在术语上可能略微不同，或者包含或多或少的步骤，但总体概念几乎总是相同的。

[1] 也称为计算机群集。——译者注

1. 确定范围

在对任何对象进行渗透测试之前，你需要知道你测试的是什么。渗透测试的范围可能非常开放，例如“MyCompany 的所有资产”，或者它可能只列出你可以测试的单个 IP 地址。

此外，组织可能仅将你的测试限制在测试或质量保证（QA）环境中，以防止对生产系统的影响。虽然渗透测试人员一般不会使用故意的破坏性攻击，但他们的工具和技术总是会有不可预见的副作用。

组织也可以提供*实施规则*，作为其确定范围讨论的一部分。这些规则可以指定一天中必须进行测试的时间、测试人员在发现严重漏洞时应遵循的步骤等。根据要测试的环境和特定组织的不同，这些规则会有很大不同。

2. 侦察

侦察是在试图攻击目标之前进行的研究。这可能涉及在互联网上搜索有关目标环境或公司的信息，在工作列表中查找提及特定技术的信息，研究一些你知道该公司正在使用的技术等。多数情况下，侦察是一种被动的活动，而且差一些针对目标环境可直接使用的工具，但也不总是这样。

3. 发现

渗透测试的发现阶段开始了主动测试阶段。此刻，可能会运行你的漏洞评估工具（如果你还没有这样做），并检查结果。在此步骤中，你将查找主机上的开放端口和服务，以检测任何正在运行的可能易受攻击的服务。根据这里的发现结果，可以按照你收集的特定信息进行额外的研究和侦察。

4. 利用

此阶段涉及尝试利用你在早期阶段检测到的漏洞。这可能包括攻击环境中的漏洞，甚至将多个漏洞链接在一起以更深入地渗透到目标环境中。同样，当获得有关目标的新信息或新目标可用时，在此处的发现可能会促使你进行额外的研究和侦察。

5. 报告

渗透测试的最后阶段是报告。在这里，仔细记录你发现了什么，以及你需要采取哪些确切的步骤来重现你成功实施的攻击。

这一步说明了漏洞评估和渗透测试之间的主要区别之一。虽然漏洞评估可能会生成环境中潜在的漏洞列表，但这些工具不能保证攻击者确实能够利用这些漏洞。在渗透测试中，测试人员将只报告导致针对系统的可操作攻击或有很高机会被利用的问题。

14.2.2　渗透测试分类

你可以用几种不同的方式对渗透测试进行分类。在测试时，你可以从不同的起点，或者由不同的团队执行测试的特定部分，以不同等级的环境知识来进行测试。

1. 黑盒、白盒和灰盒

你会经常看到渗透测试被称为某种颜色或不透明程度。这指的是测试人员获得的有关被测试环境的信息等级。

在*黑盒测试*中，除了测试范围之外，测试人员对环境一无所知。这与真实世界的攻击非常相似，因为根据推测，外部攻击者可能会从同一地点开始攻击。

*白盒测试*为测试人员提供了有关可用环境的所有信息。这可能包括所有主机的列表、正在使用的软件、应用程序和网站的源代码等。虽然这不是一种现实的攻击，因为攻击者很可能无法访问所有这些信息，但是它可使测试更加彻底，并有可能发现原本不会被发现的问题。

*灰盒测试*是前面提到的两种测试类型的混合。在这里，攻击者得到了一些有关环境的内部信息，但没有他们在进行白盒测试时得到的信息多。这是较常见的渗透测试类型之一。

2. 内部与外部

渗透测试也可以称为内部测试或外部测试，可以有两种不同的解释。内部和外部可能指的是测试人员被授予对被测试环境的访问权限的类型。例如，如果只允许测试人员从环境中面向 Internet 的部分访问环境，那么你可以将其称为外部渗透测试。相反，如果测试人员在与环境相同的网络上，无论是物理上还是通过虚拟专用网络（VPN）连接，你可以将其称为内部测试。在这种情况下，内部测试可能会提供更高级别的环境访问，因为测试人员将在某些安全层内开始测试。

内部和外部也可能表明正在进行渗透测试的是哪种人或团队。外部测试可能指的是受雇执行渗透测试的第三方测试公司，而内部测试可能指的是为你的组织工作的渗透测试团队。

14.2.3　渗透测试的对象

渗透测试有时会针对特定的技术或环境，例如 Web 应用程序、网络或硬件。我将在本节中深入讨论这些问题。

1. 网络渗透测试

尽管网络渗透测试这一术语听起来可能适用于特定网络设备（如路由器或交换机）的测试，但它通常被用作主要的渗透测试术语，用于对主机的漏洞、特定于 Web 应用程序的问题，甚至是可能易受社会工程学攻击的员工进行广泛的测试。

网络渗透测试的范围往往很广，但通常在有限的时间范围内进行（也称为时间限制），因此往往比专门关注的测试要浅一些，因为测试人员可能没有时间深入测试范围内的所有内容。这是最常见的测试类型之一。

2. 应用程序渗透测试

应用程序渗透测试是另一种常见的测试类型，它直接关注应用程序或应用程序环境。与网络渗透测试所需的工具和技能相比，应用程序测试通常需要测试人员使用一组更专业的工具和技能，并且更加聚焦。它可能涉及两种不同的方法：静态分析和动态分析。

静态分析包括直接分析应用程序源代码和资源。例如，测试人员可能会仔细检查代码，查找由于使用中的特定代码行和库而存在的逻辑错误或漏洞等问题。要执行静态分析，测试人员必须具有强大的开发背景并掌握所使用的语言。

动态分析涉及在应用程序运行时对其进行测试。换句话说，测试编译后的二进制形式或正在运行的 Web 应用程序。虽然这不能使测试人员像静态分析那样深入了解代码，但它更接近于针对应用程序的真实攻击。

Web 应用程序测试很常见，因为组织使用 Web 应用程序的频率和攻击者可能将其作为目标的频率有关。移动和桌面应用程序也是特定应用程序测试的常见目标，更多的是通过静态分析技术进行测试。这些应用程序特别容易成为攻击者攻击的目标，因为很大一部分应用程序及其资源驻留在测试人员可以控制的设备上。

3. 物理渗透测试

物理渗透测试包括直接测试物理安全措施，例如撬锁或绕过警报系统。与应用程序测试一样，这类测试也需要一套特定的工具和技能才能很好地进行测试。这也是一种不太常见的测试，因为许多组织更担心黑客侵入他们的系统，而不是有人撬开他们办公室门上的锁。

测试人员经常与其他渗透测试一起进行物理渗透测试，或者辅助其他测试。例如，如果攻击者可以进入设施并进入落锁的网络设备间，他们可能能够将设备插入网络并将其留在后面，这样他们就可以在不需要在场的情况下从网络本身执行攻击。

与任何其他类型的渗透测试一样，你通常会在特定范围内执行物理渗透测试，并牢记特定目标，无论你的目标是访问数据中心或办公室，还是将恶意设备插入网络。

4. 社会工程学测试

社会工程学渗透测试使用的技术与第 8 章中讨论的技术相同，也经常与其他测试一起进行。社会工程学测试相当有效，以至于测试人员几乎总能成功，所以许多组织拒绝允许这样做。为了阻止他们，在工作场所通常需要精心的准备并且对工作人员进行良好的培训。

社会工程学测试经常涉及网络钓鱼攻击，这些攻击很容易构造并传递给大量员工。冒充员工和未经授权试图访问设施或资源也是常见的策略。外部审计团队通常不需要佩戴徽章就直接走进安全区域的大门（请记住，这称为*尾随*）。一旦做到了这一点，他们就可以像上一节中所说的那样，把一件流氓设备带入楼宇，然后把它留在那里。很多人不会问关于“IT 人员”的问题，这个“IT 人员”正在空桌前插上电源，安装一台电脑。

5. 硬件测试

硬件测试是一种稍微不寻常的渗透测试。它通常发生在制造硬件设备（如网络设备、电视或物联网设备）的组织中，这些设备通常为渗透测试人员提供了肥沃的土壤，因为它们的许多接口对于普通用户来说是不可访问的，而且安全性也不是很高。除了测试设备外，渗透测试人员还经常测试设备上的固件、关联的移动应用程序以及设备用来与其关联的服务器通信的应用编程接口（API）。

在侦察和发现阶段，你可能会发现有关硬件的特定信息。这一步可能包括拆开设备，并查看内部组件和芯片上的标记。通常还可以找到关于制造商的说明，这有时会让你以设备制造商预期之外的方式访问硬件。

硬件设备通常配备通用异步接收器 / 发射器（Universal Asynchronous Receiver/Transmitter，UART）或联合测试行动小组（Joint Test Action Group，JTAG）调试端口，打开设备后可在电路板上访问这些端口。它们通常会提供对设备的终端访问，在许多情况下无须任何类型的身份验证，你可以使用它们来操作设备。

硬件设备的发现阶段也可能稍微复杂一些。测试人员可能在从设备内部的闪存芯片转储固件副本之后调查设备本身的固件，或者可以测试控制设备的模块或应用，甚至可以测试相关联的 Web 应用。这些设备的软件部分可能很难调查，因为它们由整个操作系统和运行该设备的所有应用程序组成。一些设备，如智能手机，甚至可能有多层操作系统和软件。

14.2.4 漏洞赏金计划

在过去的几年里，许多组织已经开始使用漏洞赏金计划作为一种渗透测试。这些测试基本上遵循与常规渗透测试相同的规则和流程，只是稍有不同。

在漏洞赏金计划中，组织向发现其资源中漏洞的人提供奖励。“赏金”通常会根据发现的问题的严重程度而有所不同。它们可以是表达谢意或一件 T 恤，也可以是数十万美元。例如，2018 年 1 月，谷歌向一位中国安全研究人员支付了 11.2 万美元，原因是他在 Pixel 智能手机中发现了一个漏洞。

有赏金计划的组织允许任何人在他们设置的范围内进行测试，他们会根据指定的赏金首先向发现特定问题的测试人员支付费用。允许世界上任何人在任何时间入侵你的系统听起来可能是个糟糕的想法，但这些计划都取得了成功。由于这些组织通常会谨慎地详细说明具体情况，这一风险在一定程度上得到了缓解。

他们只会为在指定范围内报告的问题支付赏金。因此，通常不会有太多的动机在这之外进行攻击，比方说，只是为了“兜风”。

许多平台代表其他公司管理漏洞赏金计划。一些较知名的漏洞赏金平台是 HackerOne（https://www.hackerone.com/）、Bugcrowd（https://www.bugcrowd.com/）和 Synack（https://www.synack.com/）。这些平台也让那些想要参与这些计划的人很容易看到有什么赏金，每家公司的关注范围和回报是什么。

14.2.5 渗透测试面临的技术挑战

就像漏洞分析一样，渗透测试也存在技术挑战，它们面临着许多相同的问题。

1. 云

云也给渗透测试带来了问题。一个较大的问题是，云提供商通常不喜欢测试人员随意攻击他们的云基础设施。云提供商从资源的角度进行严格管理，不喜欢使用大量资源的突发活动。云提供商通常会要求你正式申请渗透测试的许可，并在特定的时间表内从已知的 IP 地址进行测试（如果他们允许测试的话）。测试人员故意对云服务进行攻击，很可能会发现他们的流量被阻塞，或者更糟糕的是，当局会介入。

2. 寻找熟练的测试人员

通常也很难找到熟练的渗透测试人员。就你可以预期的结果而言，高技能和经验丰富的测试人员与新手之间的差异是巨大的。不熟练的测试人员可能只会检查漏洞扫描工具输出的结果，这很可能包含未经身份验证的误报并遗漏重大问题。

从渗透测试团队那里得到一份几乎没有结果的报告，通常不是对你惊人严密的安全性的有力认可，而是对进行测试的团队的技能水平的反映。渗透测试技能的培养需要时间和经验，但渗透测试的需求量很大。因此，你可能会遇到一些测试人员在没有监督的情况下进行的测试。

14.3　这真的意味着你安全了吗

在评估了漏洞、进行了渗透测试并修复了所有由此产生的问题和发现之后，你真的安全了吗？邪恶的黑帽黑客会不会在你的安全系统的坚不可摧、光滑冰冷的墙上乱摸一通，然后夹着尾巴偷偷溜走？嗯，可能不会。我所讨论的每一件事都有一些警告，而且没有绝对安全这回事。

14.3.1　现实测试

要获得有关安全性的准确结果，你需要执行实际测试。这意味着你应该在不妨碍或歪曲结果的情况下进行漏洞评估和渗透测试。这是一个很高的要求。

1. 实施规则

当设置用于测试的实施规则时，它们需要严格遵守发生外部攻击的条件。本练习的全部目的是模仿攻击者的所作所为，这样你就可以先做一件事，然后修复你发现的问题。如果设定实施规则来人为地提高你的安全等级，这对自己没有任何好处。例如，如果设置了一个规定没有攻击链（一个接一个地执行多个攻击以更深入地渗透）的实施规则，那么你就没有确切地知道攻击者会做些什么来进入环境的更深层次。

2. 确定范围

基于类似的原因，设定一个实际范围也很重要。是的，必须确保你的测试不会影响生产环境或降低为客户提供的服务水平，但是组织经常使用这些因素作为借口来人为地缩小范围。例如，如果你在零售环境中进行测试，并将持有支付卡数据的系统设置在范围之外，那么你就已经确定了攻击者试图访问的确切内容。

在为保护生产资产而制定范围决策的情况下，最好设置一个与你的生产环境相对应的特定环境来进行测试，而不会受到惩罚。

3. 测试环境

如果你使用测试环境进行扫描或测试，则应确保它与生产环境尽可能匹配。组织为渗透测试设置理想化的、完全修复的安全的环境，而没有在实际生产环境中采取任何相同的措施，这是非常常见的。

在这样的环境中建立一个波将金（Potemkin）村[㊁]，与你一开始就试图通过执行这些评估和测试来实现的目标是背道而驰的。[㊀]

在这些情况下，在云环境中操作通常很有帮助。在许多情况下，你可以准确地复制由基于云的主机和基础架构组成的整个环境，在其自己的分段区域中，允许你测试与生产环境相同的环境，然后在不再需要它时将其拆除。

14.3.2 你能检测到自己遭受的攻击吗

评估安全等级的另一种方法是在运行漏洞工具和渗透测试时仔细监视日常安全工具和告警系统。如果正确评估了你的安全程度，这些活动应该与实际攻击几乎没有区别。如果没有注意到正在进行测试，那么你可能也看不到实际的攻击。在许多情况下，渗透测试人员不会像攻击者那样隐蔽，所以他们应该更容易被发现。

㊀ Hartmans, Avery. " A Superstar Chinese Hacker Just Won $112,000 from Google, Its Largest Bug Bounty Ever." Business Insider, January 20, 2018. https://www.businessinsider.com/guang-gong-qihoo-360-google-pixel-2-hacking-bug-bounty-2018-1.

㊁ 波将金村出自俄罗斯历史上的一个典故。俄罗斯帝国女皇叶卡捷琳娜二世的情夫波将金，官至陆军元帅、俄军总指挥。波将金为了使女皇对他富足的领地有个良好印象，不惜工本，在女皇必经的路旁建起一批豪华的假村庄。于是，波将金村成了一个世界闻名的、做表面文章和弄虚作假的代号。常用来嘲弄那些看上去堂皇实际上却空洞无物的事物。这里是指为了使渗透测试和评估结果比较理想，故意构建与真实环境不一致而是做了安全加固的假环境。——译者注

1. 蓝队和紫队

前面我们将渗透测试人员称为红队。红队的对立面是蓝队，任务是防护组织，抓住红队。蓝队应该参加渗透测试的另一边，就像红队攻击一样。虽然可能不想主动阻止来自红队的攻击，但你绝对应该记录他们活动的证据。你应掌握红队实施的每一次攻击的证据，或者至少理解它是如何规避你的注意的，这样就可以修复你的安全措施。渗透测试的结果为申请用于弥补这些差距的资源或工具的额外预算提供了很好的基础。

你可能还会听到人们谈论紫队，这是红队和蓝队之间的桥梁，有助于确保两者尽可能高效地运作。在有小型安全团队的环境中，紫队也可能同时扮演红队和蓝队的角色。

2. 测量仪器

要抓住渗透测试人员，你必须在适当的位置配备合适的仪器。如果在系统上没有监视异常流量的入侵检测系统和防火墙、反恶意软件和文件完整性监视（File Integrity Monitoring，FIM）工具等，那么你就没有数据源来监视这类攻击。根据环境和安全预算的不同，合理配置工具的确切组合会有所不同，但是如果需要的话，你可以使用少量工具来做很多事情。

至少，你应该从许多开源工具中选择一些来部署，这些工具可以在最低要求的硬件上运行，并且可以以极低的成本安装到位。例如，Security Onion 分发可以从主机入侵检测、网络入侵检测、全时数据包捕获、日志、会话数据和事务数据中获取数据——所有这些都只需很少的预算。[⊖]

FIM 工具

FIM 工具用于监视特定计算机上应用程序和操作系统文件的完整性。通常，你可以使用 FIM 仅监视敏感文件，例如定义操作系统或应用程序配置或保存特别敏感数据的文件。文件更改后，系统可能会通知某人更改，或者在某些情况下，文件可能会自动恢复到其原始状态。FIM 工具需要小心调整，因为如果配置不当，它们可能会产生大量告警“噪音”。

⊖ Security Onion homepage. Accessed July 2, 2019. https://securityonion.net/.

3. 告警

此外，至关重要的是从你的工具发出适当的告警。你需要有良好的告警系统，这样才能知道什么时候发现了测试人员。你不希望自己的工具在角落里自言自语，被蓝队完全忽视。通过适当的告警，你可以近乎实时地对攻击或渗透测试做出响应。

你还需要小心地发送告警。如果发送的告警太多，特别是当它们是错误告警时，你的蓝队将开始完全忽略这些告警。从医疗保健行业借用的常用短语是警觉疲劳[㊀]（就如同狼来了的故事中小朋友多次发出虚警，导致大人们警觉疲劳，最终错过真正的告警）。解决此类问题的办法是小心地发送有价值的告警（那些提示特定响应的告警），并尽可能少地发送告警。

14.3.3 今天安全并不意味着明天安全

了解漏洞评估和渗透测试是单一时间点的快照很重要。一次安全并不意味着永远安全。你必须定期重复这些过程，以保持其产生的信息的有用性。

1. 不断变化的攻击面

攻击面是攻击者可以用来与你的环境交互的所有点的总和，这包括你的网络服务器、邮件服务器、托管云系统、在酒店房间里使用笔记本电脑的销售人员、发布到公共 GitHub 存储库的内部源代码，以及数以百计的其他类似问题。由于你的攻击面由如此多的移动部分组成，因此它处于不断变化的状态。一个月前的漏洞评估或去年的渗透测试可能不再完全准确，所以需要定期更新这些信息。

2. 攻击者也在改变

攻击者也在不断改进他们的攻击和工具。攻击者远远多于防护者，许多攻击者有直接的金钱动机来更新他们的工具和技术。此外，攻击工具经常被卖给其他黑客，赚取丰厚的利润。整个网络犯罪行业都依赖于让他们的工具保持最新，至少与安全工具行业对防御者的依赖一样多（如果不是更多的话）。

放入一个安全层，并期望它多年后像安装时一样坚固和高效，这是一种错误的赌注。为了应对攻击者的变化，你也需要进行变更。这种猫捉老鼠的游戏多年来一直在

㊀ Ryznar, Barbara A. "Alert Fatigue: An Unintended Consequence." Illuminating Informatics (blog). Journal of AHIMA, July 3, 2018. http://journal.ahima.org/2018/07/03/alert-fatigue-an-unintended-consequence/.

推动安全行业发展，并将继续这样。

3. 在你的带领下进行技术更新

更糟糕的是，在你的引领下，你的技术可能会发生变化（而你甚至可能没有意识到这一点）。你使用的许多操作系统、移动应用程序、云服务、安全工具和代码库都会定期收到创建和维护人员的更新。你的智能电视中的操作系统可能在昨天半夜进行了更新，使你面临来自互联网的攻击。明天可能会再次更新以修复该问题，届时你可能也不会知道。

你可能会发现测试过程中更新产生的一些安全问题，或者你可能根本不知道它们的存在。为了避免这种类型的问题，你可以做的最好的事情就是在适当的位置设置多层安全控制机制。

14.3.4 修复安全漏洞成本高昂

最后，修复安全漏洞的成本很高。资源、购买和更新安全控制的成本以及修复应用程序和网站中不安全代码所需的开发工作都很昂贵。组织往往没有将安全置于业务优先级之上，这比你想象的要多得多。你可能会花费大量精力来对漏洞进行分类，并编写渗透测试结果。结果却被告知，在其他工作完成之前，你发现的关键问题不会得到解决。这种情况在安全领域经常发生，你可能会找到一种方法来设置另一项控制，或者使用安全工具来填补空白。事情不会总是完美的，但仍然必须尽你所能确保组织安全。

14.4 小结

在本章中，讨论了漏洞评估以及可用于查明主机和应用程序中安全问题的工具。我还谈到了漏洞评估与渗透测试的不同之处，以及为什么你应该同时进行这两种测试。

本章涵盖了渗透测试、渗透测试的过程以及渗透测试的几个专门子领域，例如 Web 应用程序和硬件测试。我还谈到了针对云和虚拟化环境进行渗透测试所固有的挑战。

最后，本章介绍了在经历漏洞评估和渗透测试的所有工作之后，你是否真的安全，以及抓到（或抓不到）自己的测试意味着什么。漏洞评估和渗透测试是针对某个时间点的，这意味着你必须不断迭代以保持数据最新。

14.5　习题

1. 你可以使用哪些方法来检测环境中的新主机？
2. 代理在漏洞扫描时有什么好处？
3. 针对容器的漏洞扫描有哪些挑战？
4. 渗透测试与漏洞评估有何不同？
5. 红队和蓝队有什么不同？
6. 为什么范围对渗透测试很重要？
7. 静态分析和动态分析有什么不同？
8. 漏洞赏金计划与渗透测试有什么不同？
9. 你在其中测试的环境对你的测试结果有什么影响？
10. 什么是警觉疲劳？